ABHANDLUNGEN
DER AKADEMIE DER WISSENSCHAFTEN DER DDR
Abteilung Veröffentlichungen der Wissenschaftlichen Räte

Jahrgang 1979 · Nr. W 2

25. Tagung des Wissenschaftlichen Rates
für die wirtschaftswissenschaftliche Forschung
bei der Akademie der Wissenschaften der DDR
am 13. 10. 1978

Intensivierung der landwirtschaftlichen Produktion

Grundprobleme der weiteren Intensivierung der landwirtschaftlichen Produktion und des schrittweisen Übergangs zu industriemäßigen Produktionsmethoden

AKADEMIE-VERLAG · BERLIN 1979

Herausgegeben im Auftrage des Präsidenten
der Akademie der Wissenschaften der DDR
von Vizepräsident Prof. Dr. Heinrich Scheel

Verantwortlich für dieses Heft:
Akademiemitglied Prof. Dr. sc. oec. Helmut Koziolek
Vorsitzender des Wissenschaftlichen Rates
für die wirtschaftswissenschaftliche Forschung
bei der Akademie der Wissenschaften der DDR

Redaktionsschluß: 20. November 1978
Erschienen im Akademie-Verlag, DDR-108 Berlin, Leipziger Straße 3-4

Lizenznummer: 202 · 100/202/79
Gesamtherstellung: VEB Druckhaus Köthen
Bestellnummer: 753 711 2 (2001/79/2/W) · LSV 0365
Printed in GDR
DDR 10,50 M

Inhaltsverzeichnis

1. Einführungsvortrag

Prof. Dr. Dieter Sachse
Mitglied des Wissenschaftlichen Rates für die wirtschaftswissenschaftliche Forschung bei der Akademie der Wissenschaften der DDR,
Vorsitzender des Wissenschaftlichen Rates für gesellschaftliche und ökonomische Fragen des volkswirtschaftlichen Agrar-Industrie-Komplexes,
Leiter des Lehrstuhls Ökonomik der sozialistischen Landwirtschaft der DDR an der Parteihochschule „Karl Marx“ beim ZK der SED
„Grundprobleme der weiteren Intensivierung der landwirtschaftlichen Produktion und des schrittweisen Übergangs zu industriemäßigen Produktionsmethoden“ 9

2. Diskussion

Bruno Lietz
Kandidat des ZK der SED,
Stellvertreter des Vorsitzenden der Staatlichen Plankommission,
Stellvertreter des Vorsitzenden des Wissenschaftlichen Rates für gesellschaftliche und ökonomische Fragen des volkswirtschaftlichen Agrar-Industrie-Komplexes
„Zu einigen Problemen der Agrar-Industrie-Integration unter Berücksichtigung der Zusammenarbeit mit den Mitgliedsländern des RGW“ 29

Karl-Heinz Säurich
Leiter der Agrar-Industrie-Vereinigung Kröpelin
„Zu einigen Fragen der Leitung und Planung des wissenschaftlich-technischen Fortschritts“ 35

Eduard Kreil
Stellvertretender Vorsitzender für Landwirtschaft und Nahrungsgüterwirtschaft des Rates des Kreises Mühlhausen
„Einige Erfahrungen für die Leitung und Planung der komplexen sozialistischen Rationalisierung durch die Staats- und Wirtschaftsorgane im Territorium des Kreises“ 39

Prof. Dr. Claus Howitz, Prof. Dr. Johannes Löffler
Wilhelm-Pieck-Universität Rostock, Sektion Meliorationswesen und Pflanzenproduktion
„Zur Bildung und Verwendung gemeinsamer finanzieller Fonds der sozialistischen Landwirtschaftsbetriebe“ 44

Prof. Dr. Kurt Groschoff
Leiter des Forschungsbereiches Landwirtschaft im Institut für Politische Ökonomie des Sozialismus der Akademie für Gesellschaftswissenschaften beim ZK der SED
„Zur weiteren Verringerung der wesentlichen Unterschiede zwischen Stadt und Land in der DDR" 49

Prof. Dr. Dr. h. c. Gerhard Winkler
Leiter des Wissenschaftsbereiches Agrarökonomie, Sektion Tierproduktion und Veterinärmedizin der Karl-Marx-Universität Leipzig
„Zu einigen Ergebnissen der Analyse der Arbeits- und Lebensbedingungen in der sozialistischen Landwirtschaft" 58

Dr. Gerd Knobloch
Zentralinstitut für Wirtschaftswissenschaften der Akademie der Wissenschaften der DDR
„Zu ökonomischen Proportionen des Agrar-Industrie-Komplexes im volkswirtschaftlichen Reproduktionsprozeß" 63

Prof. Dr. Herbert Mainz
Rektor der Ingenieurhochschule für Landtechnik Berlin-Wartenberg
„Ausgewählte Probleme der Mechanisierung der Landwirtschaft bei der weiteren komplexen Intensivierung und dem planmäßigen Übergang zu industriemäßigen Produktionsmethoden" 69

Prof. Dr. Werner Ostwald
Mitglied des Wissenschaftlichen Rates für die wirtschaftswissenschaftliche Forschung bei der Akademie der Wissenschaften der DDR,
Leiter der Forschungsleitstelle für Territorialplanung der Staatlichen Plankommission
„Zur Standortverteilung der Land- und Nahrungsgüterwirtschaft im Territorium der DDR" 75

Prof. Dr. Roland Hauk
Direktor der Sektion Marxismus-Leninismus der Ernst-Moritz-Arndt-Universität Greifswald
„Soziale Wirkungen und Probleme beim schrittweisen Übergang zu industriemäßigen Produktionsmethoden in der sozialistischen Landwirtschaft" 81

Dr. Winfried Theilig
Hauptdirektor des VEB Thüringer Fleischkombinat Gera
„Probleme der vertikalen Kooperation mit der Fleischwirtschaft beim Übergang zu industriemäßigen Produktionsmethoden in der Tierproduktion"* 84

---

* schriftlich eingereichter Beitrag

Dr. Hans-Günther Schulze
Institut für Ökonomik des sozialistischen Weltsystems der Akademie für Gesellschaftswissenschaften beim ZK der SED
„Zum Zusammenhang zwischen der Entwicklung der agrar-industriellen Kooperation und der planmäßigen Gestaltung des volkswirtschaftlichen Agrar-Industrie-Komplexes“* 88

Prof. Dr. Heinz Döring, Prof. Dr. Erich Krauß
Hochschule für Landwirtschaftliche Produktionsgenossenschaften beim Ministerium für Land-, Forst- und Nahrungsgüterwirtschaft, Wissenschaftsbereich Ökonomik der sozialistischen Land- und Nahrungsgüterwirtschaft
„Zur Rolle der neuen Musterstatuten der LPG Pflanzenproduktion und der LPG Tierproduktion“* 92

Prof. Dr. Gerhard Kaulitzki
Leiter des Wissenschaftsbereiches Leitung und Planung an der Hochschule für Landwirtschaft und Nahrungsgüterwirtschaft Bernburg
„Zu einigen Problemen der Planung von Wissenschaft und Technik in der sozialistischen Landwirtschaft durch die örtlichen Staatsorgane“* 97

Prof. Dr. Dieter Schönknecht
Direktor des Instituts für sozialistische Wirtschaftsführung der Technischen Hochschule „Carl Schorlemmer“ Leuna-Merseburg

Dr. Karl-Heinz Bernhardt
Institut für sozialistische Wirtschaftsführung der Technischen Hochschule „Carl Schorlemmer“ Leuna-Merseburg
„Zu Leitungsaufgaben bei der Vertiefung der Kooperationsbeziehungen zwischen der chemischen Industrie und der Landwirtschaft“* 105

Prof. Dr. Helmut Kulka
Karl-Marx-Universität Leipzig, Sektion Psychologie
„Ergonomische Probleme und Aufgaben bei der komplexen Intensivierung der landwirtschaftlichen Produktion“* 108

Dr. Harry Reimann
Abteilungsleiter im Institut für Ökonomik der Landwirtschaft und Nahrungsgüterwirtschaft beim Ministerium für Land-, Forst- und Nahrungsgüterwirtschaft
„Zu Problemen des gesellschaftlichen Arbeitsvermögens in der Landwirtschaft“* .. 112

3. *Schlußbemerkungen*

Prof. Dr. Dieter Sachse
„Schlußbemerkungen“ 117

* schriftlich eingereichter Beitrag

1. Einführungsvortrag

D. Sachse

Grundprobleme der weiteren Intensivierung der landwirtschaftlichen Produktion und des schrittweisen Übergangs zu industriemäßigen Produktionsmethoden

Die weitere Gestaltung der entwickelten sozialistischen Gesellschaft entsprechend den Beschlüssen des IX. Parteitages der SED hat ihr Fundament im dauerhaften dynamischen Leistungsanstieg unserer Volkswirtschaft. Wie der Generalsekretär des ZK der SED, Genosse Erich Honecker, hervorhob, trägt dem der strategische Kurs der Hauptaufgabe auf vielfältige Weise Rechnung. Gerade die Einheit von Wirtschafts- und Sozialpolitik als tiefgreifender revolutionärer Prozeß gestattet es, „... die grundsätzlichen sozialen Aufgaben zu lösen, die beim sozialistischen und kommunistischen Aufbau zu bewältigen sind: die weitere Annäherung der Klassen und Schichten unseres Volkes, die Verringerung der wesentlichen Unterschiede zwischen körperlicher und geistiger Arbeit, zwischen Stadt und Land"[1].

In diesem Sinne charakterisierte der IX. Parteitag der SED die weitere planmäßige Entwicklung der Land- und Nahrungsgüterwirtschaft als einen jener volkswirtschaftlichen Komplexe, die für die kontinuierliche Stärkung der materiell-technischen Basis; für das weitere Wachstum des Sozialismus von ausschlaggebender Bedeutung sind.[2]

Das erfordert, in der Land- und Nahrungsgüterwirtschaft die Produktion und deren Effektivität systematisch zu erhöhen, um eine stabile, sich stetig verbessernde Versorgung der Bevölkerung mit hochwertigen Nahrungsgütern und der Industrie mit Rohstoffen zu sichern und die Lebensbedingungen des Dorfes denen der Stadt anzunähern, um die wesentlichen Unterschiede zwischen Stadt und Land allmählich zu überwinden.[3]

Diese, im Programm der Partei formulierten strategischen Ziele drücken die Einheit von Wirtschafts- und Sozialpolitik entsprechend den konkreten Reproduktionsbedingungen der Landwirtschaft aus. Mit ihrer planmäßigen Realisierung findet der Leninsche Genossenschaftsplan im Prozeß der sozialistischen Revolution in unserer Republik seine weitere schöpferische Verwirklichung. Das Bündnis der Arbeiterklasse mit der Klasse der Genossenschaftsbauern bereichert sich um qualitativ neue Züge, realisiert sich darin, eine intensive sozialistische Landwirtschaft zu gestalten, die Wissenschaft und Technik immer mehr nutzt, die Kooperation allseitig entwickelt und Schritt für Schritt zu industriemäßigen Produktionsmethoden übergeht.[4]

Diesen Anforderungen immer rationeller und effektiver zu entsprechen – das ist Inhalt der Wettbewerbsinitiativen der Genossenschaftsbauern und Arbeiter der sozialisti-

[1] E. Honecker, Gestaltung der entwickelten sozialistischen Gesellschaft – Aufgabe von historischer Größe, in: Einheit, 7/8/1978, S. 679.

[2] Vgl. Bericht des Zentralkomitees der Sozialistischen Einheitspartei Deutschlands an den IX. Parteitag der SED, Berichterstatter: Genosse Erich Honecker, Berlin 1976, S. 48.

[3] Vgl. Programm der Sozialistischen Einheitspartei Deutschlands, Berlin 1976, S. 30.

[4] Vgl. E. Honecker, Die sozialistische Revolution in der DDR und ihre Perspektiven, Berlin 1977, S. 37.

schen Landwirtschaft zum 30. Jahrestag der DDR. Mehr, besser und billiger zu produzieren, das *ist und bleibt* ihr entscheidender Beitrag für die weitere konsequente Verwirklichung der Hauptaufgabe, für die auf Wachstum, Wohlstand und Stabilität gerichtete Politik der Partei.

Einige Probleme und Aufgaben der Intensivierung und Industrialisierung der Landwirtschaft sind Gegenstand der heutigen Beratung, wobei ich vornehmlich zu einigen volkswirtschaftlichen Beziehungen und sozialökonomischen Prozessen sprechen möchte. Gerade die Diskussion dieser Fragen ist für ihre stärkere Integration in die wirtschaftswissenschaftliche Forschung insgesamt sicher nützlich.

I. Zur volkswirtschaftlichen Stellung der Landwirtschaft und ihrem Beitrag zur Erfüllung der Hauptaufgabe

Die volkswirtschaftliche Stellung der Landwirtschaft als Bereich der materiellen Produktion, als Arbeits- und Lebenssphäre der Genossenschaftsbauern, des Hauptverbündeten der Arbeiterklasse, verkörpert sich maßgeblich in den gesellschaftlichen Funktionen, die sie im planmäßigen Zusammenwirken mit der Industrie, dem Bau- und Verkehrswesen, dem Handel usw. im Prozeß verstärkter Intensivierung der erweiterten sozialistischen Reproduktion wahrzunehmen hat.

Es ist ihre grundlegende Aufgabe, die Nahrungsgüterbedürfnisse der Gesellschaft effektiv und rationell zu befriedigen. Wenn heute etwa 40% der verbrauchswirksamen Ausgaben der Bevölkerung unserer Republik auf Nahrungs- und Genußmittel entfallen, dann unterstreicht das den Rang, den die Deckung dieses Bedarfs in der Wirtschafts- und Sozialpolitik der Partei einnimmt.

Durch die gewachsenen Anstrengungen der Arbeiter und Genossenschaftsbauern werden rund 90% des gesamten Nahrungsgüter- und Genußmittelbedarfs unserer Bevölkerung aus dem Eigenaufkommen der Landwirtschaft gedeckt. (10% entfallen auf Erzeugnisse, die unter unseren Produktionsbedingungen nicht produziert werden können bzw. als Futtergetreide importiert werden müssen.) Mit den steigenden Erträgen und wachsenden Fonds konnte das staatliche Aufkommen an Schlachtvieh seit 1950 auf das 5,9fache, bei Milch auf das 4,3fache und bei Eiern auf mehr als das 14fache gesteigert werden. Der rasch gestiegene Pro-Kopf-Verbrauch an Fleisch und Fleischwaren – er wuchs von 1970 bis 1977 um 17,5 kg – das sind 26,5% – wurde aus eigener Produktion gedeckt; die Planaufgabe 1978 mit 2315 kt Schlachtvieh liegt mit 15 kt über den ursprünglichen Zielen des Fünfjahrplanes für 1980.

Das Gemüseaufkommen konnte seit 1970 etwa um 50% erhöht werden, für die rasche Steigerung der Obstproduktion werden wichtige Grundlagen geschaffen.

Insgesamt wurde durch die Genossenschaftsbauern und Arbeiter das Volumen der Pflanzen- und Tierproduktion im Mittel der Jahre 1971/75 gegenüber dem Zeitraum 1961/65 durchschnittlich jährlich um 3% gesteigert; die Arbeitsproduktivität erhöhte sich durchschnittlich jährlich um 7,6%. Einschließlich der planmäßigen Realisierung ihrer Exportaufgaben trugen die Genossenschaftsbauern und Arbeiter der Landwirtschaft damit zur kontinuierlichen Realisierung der Hauptaufgabe auf einem entscheidenden Gebiet der Bedürfnisbefriedigung bei. Auch auf dem Gebiet der Rohstoffgewinnung sowie der planmäßigen Gestaltung der natürlichen Umwelt sind die Leistungen der Landwirtschaft für das reibungslose Funktionieren des volkswirtschaftlichen Gesamtprozesses der erweiterten Reproduktion von großem Gewicht. Etwa 63% des primären Rohstoffaufkommens unserer Volkswirtschaft werden in der Land- und Forstwirtschaft produziert. In viele Erzeugnisgruppen der Industrie gehen Rohstoffe landwirtschaftlichen Ursprungs ein, darunter Erzeugnisse, die als Industriewaren in einem Umfang von etwa 1 Mrd. Mark für die Konsumtion bereitgestellt werden. Die biologische Stoffproduktion ist nicht ersetz- bzw. austauschbar. Aus energiewirtschaftlichen Aspekten ist die Pflanzenproduktion „ein für die Ressourcenproblematik der menschlichen Gesellschaft grundlegender Vorgang"[5]. Die Produktion verwertbarer Energie durch die Erzeugung von Getreide, Kartoffeln, Zuckerrüben und Feldfutter – also ohne die Energiegewinnung aus der Bewirtschaftung des natürlichen Grünlandes und der Forstwirtschaft – beträgt jährlich etwa 51 200 Gigawattstunden (GW/h); zum Vergleich dazu die Elektroenergiegewinnung aus Braunkohle rund 77 000 GW/h. Zur Zeit werden durch die Pflanzenproduktion etwa 10 bis 12% der verwertbaren Sonnenenergie genutzt. Bei weiterer komplexer Intensivierung, insbesondere entsprechenden Vorleistungen vieler Wissenschaftsdisziplinen ist es nach Aussagen von Naturwissenschaftlern möglich, mit den derzeitigen Nutzpflanzenarten etwa 25 bis 27% der verwertbaren Sonnenenergie für die Erzeugung von Pflanzensubstanz zu nutzen, was angesichts der konkreten Reproduktionsbedingungen unserer Volkswirtschaft von prinzipieller strategischer Bedeutung ist. Nach Untersuchungen des Zentralinstituts für Wirtschaftswissenschaften an der Akademie der Wissenschaften steht die DDR hinsichtlich der Ressourcennutzung sowie der Flächendichte von Produktion und Leistungen mit an der Spitze der industriell hochentwickelten Länder. Die Ergiebigkeit des natürlichen Stoffkreislaufes gezielt zu erhöhen und damit gleichzeitig die natürliche Umwelt unserer Gesellschaft planmäßig zu gestalten, ist folglich für die Bewältigung perspektivischer Erfordernisse der Intensivierung des volkswirtschaftlichen Reproduktionsprozesses unerläßlich.[6]

Die Land- und Forstwirtschaft nutzt im Prozeß der Rohstoffgewinnung 86% des Territoriums der DDR, wobei sich mit dem Wachstum der Intensität dieser Produktion die positiven Wirkungen auf die Umweltgestaltung generell erhöhen. Zugleich ist das jedoch mit wachsenden Aufwendungen verbunden, um geschlossen Produktionskreisläufe zu gestalten und von vornherein negativen Auswirkungen sich objektiv verändernder technologischer Prinzipien der Agrarproduktion entgegenzuwirken. Diese spezifischen Funktionen des landwirtschaftlichen Reproduktionsprozesses werden sich in ihrem Gewicht verstärken. Das Mitglied der Akademie der Wissenschaften der UdSSR, Professor Fedorenko, hat kürzlich in einem Beitrag zu langfristigen volkswirtschaftlichen Entwicklungsprozessen nachdrücklich auf die Notwendigkeit engeren Zusammenwirkens von wirtschaftswissenschaftlicher Forschung und biologischen Wissenschaften hingewiesen.[7] Offensichtlich liegen hier auch für uns wichtige Ansatzpunkte langfristig-konzeptioneller Arbeit. Es geht darum, rechtzeitig die sich daraus ergebenden Konsequenzen zu erfassen und wissenschaftlich zu fundieren.

Die wachsenden Produktionsleistungen der Landwirtschaft konnten bei einem Rückgang des gesellschaftlichen Arbeitsvermögens auf etwa 37% im Vergleich zu 1950 reali-

---

5 H. Böhme, G. Kreil, B. Philipp, M. Ringpfeil, Der Einfluß der Chemie auf die industriemäßige Produktion der Landwirtschaft, in: Spektrum, 7/1978, S. 21.

6 Vgl. Autorenkollektiv, Auf dem Wege zur Wirtschaft des entwickelten Sozialismus, Berlin 1978, S. 138.

7 Vgl. N. Fedorenko, Ėkonomičeskaja nauka v desjatoj pjatiletke, in: Voprosy ėkonomiki, 7/1978, S. 8/9.

siert werden. Damit wurden wichtige Intensivierungseffekte erschlossen. Zusammen mit der Produktionssteigerung drückt sich hier sehr wesentlich die effektivere und rationellere Gestaltung der Produktions- und Austauschbeziehungen zwischen Produktionsmittel liefernder Industrie, landwirtschaftlicher Rohstoffproduktion und dem Bereich der Be- und Verarbeitung pflanzlicher und tierischer Erzeugnisse aus. Damit sind grundlegende sozialökonomische und sozialpolitische Prozesse verbunden. Die Leistungen der Arbeiterklasse in der Industrie, in der Produktionsmittelherstellung sind zum entscheidenden Faktor rationeller und effektiver Nahrungsgüterproduktion geworden. Im Bereich der Land-, Forst- und Nahrungsgüterwirtschaft selbst wirken rund 400 000 Arbeiter mit den Genossenschaftsbauern zusammen, darunter in der Landwirtschaft direkt 280 000 Arbeiter. Hierin verkörpern sich wesentliche Aspekte der weiteren sozialen Annäherung der Arbeiterklasse und der Klasse der Genossenschaftsbauern. Der sozialökonomische Charakter des genossenschaftlichen Eigentums prägt sich in engem Zusammenwirken mit dem Volkseigentum und durch die Vertiefung der Kooperation weiter aus. In entscheidenden Produktionsgrundlagen der LPG sind zunehmend Ergebnisse der produktivschöpferischen Tätigkeit der Arbeiterklasse materialisiert. Hierin sind auch weitgehende Integrationsprozesse, insbesondere mit der Sowjetunion, einbezogen, die von der abgestimmten und teilweise gemeinsamen Produktionsmittelerzeugung über die Wissenschaftskooperation bis zur gemeinsamen Erarbeitung von Planungsproblemen bei der schrittweisen Herausbildung der nationalen volkswirtschaftlichen Agrar-Industrie-Komplexe reichen.

Mit dem Beitrag der Genossenschaftsbauern und Arbeiter der Landwirtschaft zur planmäßigen Realisierung der Hauptaufgabe verbinden sich zugleich bedeutende Fortschritte bei der Verbesserung der Arbeits- und Lebensbedingungen auf dem Lande. Sie sind untrennbarer Bestandteil des sozialpolitischen Programms der Partei und kennzeichnen wesentliche Seiten der sozialen Effektivität des Intensivierungsprozesses in der Landwirtschaft. Soziale Sicherheit und Geborgenheit bestimmen das Leben der Genossenschaftsbäuerinnen und -bauern. Ihr Arbeitseinkommen konnte wesentlich dem der Arbeiter der Industrie angeglichen werden. Auf solchen Gebieten wie der Bildung und Qualifizierung – über 80% der in der Landwirtschaft Beschäftigten besitzen heute eine abgeschlossene Fachausbildung –, der Verbesserung der Wohnbedingungen, der Sozial- und Rentenversorgung, der medizinischen Betreuung, der Anwendung sozialpolitischer Maßnahmen für Mutter und Kind usw. kommen wichtige Annäherungsprozesse zwischen Stadt und Land zum Ausdruck.

Insgesamt machen diese wenigen Angaben deutlich: Die Verflechtungsbeziehungen der Nahrungsgüter- und Rohstoffproduktion mit allen Bereichen und Zweigen der Volkswirtschaft intensivieren sich zunehmend. Zur Sicherung der Nahrungsbedürfnisse unserer Gesellschaft werden gegenwärtig etwa 30% des gesellschaftlichen Bruttoprodukts, 26% des Arbeitsvermögens der materiellen Produktion und 23% der Grundfonds der Volkswirtschaft eingesetzt. Naturgemäß nimmt in diesen Verflechtungsprozessen die landwirtschaftliche Produktion eine Schlüsselstellung ein. Sie ist und bleibt deshalb, wie Genosse Erich Honecker auf dem IX. Parteitag der SED hervorhob, „eine Sache der ganzen Volkswirtschaft“[8], um auch weiterhin den Nahrungs- und Rohstoffbedarf unserer

[8] Bericht des Zentralkomitees der Sozialistischen Einheitspartei Deutschlands an den IX. Parteitag der SED, Berichterstatter: Genosse Erich Honecker, a. a. O., S. 62.

Gesellschaft stabil, kontinuierlich, mit wachsender Rationalität und Effektivität zu befriedigen.

Nicht zuletzt hat das in der Klassenauseinandersetzung mit dem Imperialismus erhebliches Gewicht. Die imperialistische Strategie mit dem Hunger, das heißt die globale Unterordnung der Nahrungsgüterproduktion und des Lebensmittelexports – er macht in den USA gegenwärtig etwa ein Drittel des gesamten Außenhandelsumsatzes aus – unter die Strategie des Kampfes gegen den Sozialismus und besonders gegen die nationale Befreiungsbewegung erfordert, auch auf dem Gebiet der Nahrungsgüterproduktion die Vorzüge und Entwicklungspotenzen des Sozialismus voll zu nutzen.

II. Der Zusammenhang von Intensivierung und Industrialisierung der Agrarproduktion in der Gegenwart; Entwicklungsfragen der Reproduktionsbedingungen

Im Programm der Partei sind die grundlegenden Bedingungen und Voraussetzungen der weiteren Entwicklung unserer Landwirtschaft wie folgt umrissen: „Das ökonomische Grundgesetz des Sozialismus, das bedeutende Wachstum der Produktivkräfte, insbesondere die Fortschritte in Wissenschaft und Technik, sowie die Weiterentwicklung der gesellschaftlichen Verhältnisse auf dem Lande verlangen objektiv, die landwirtschaftliche Produktion weiter zu intensivieren und industriemäßige Produktionsmethoden anzuwenden ... Auf diesem Wege wird in der Land- und Nahrungsgüterwirtschaft die wissenschaftlich-technische Revolution am besten mit den Vorzügen der sozialistischen Gesellschaftsordnung verbunden."[9] Diese strategische Orientierung widerspiegelt objektive Erfordernisse der weiteren Gestaltung der entwickelten sozialistischen Gesellschaft und der Schaffung grundlegender Voraussetzungen für den allmählichen Übergang zum Kommunismus:

– Die Nahrungsmittel- und Rohstoffbedürfnisse unserer Gesellschaft wachsen quantitativ und qualitativ. Auch bei Verbesserung der Verbrauchsrelationen zwischen industriellen Konsumgütern und Nahrungsmitteln muß dem absoluten Wachstum des Nahrungsmittelverbrauchs Rechnung getragen werden. Zugleich geht es um strukturelle Veränderungen von Verzehrgewohnheiten, denen durch steigende Produktion und wachsende Qualität der Erzeugnisse entsprochen werden muß. Es ist demzufolge unseres Erachtens ein wichtiges Anliegen der wirtschaftswissenschaftlichen Forschung, vorausschauender die Bedarfsentwicklung zu analysieren und sich daraus ergebende volkswirtschaftliche Konsequenzen in ihren vielfältigen Verflechtungen exakter zu bestimmen. Das hat wesentlichen Einfluß auf effektives und rationelles Reagieren im landwirtschaftlichen Reproduktionsprozeß, denn der Zeitfaktor gewinnt bei steigendem Intensitätsniveau noch mehr an Bedeutung. Ich verweise hier nur auf biologisch bedingte Produktions- und Reproduktionszeiten von Pflanzen und Tieren.

– Untrennbar mit diesen Aufgaben in der materiellen Produktion ist die Lösung grundlegender gesellschaftlicher Entwicklungsprobleme im Prozeß der sozialistischen Revolution verbunden. Hierbei nimmt die weitere Überwindung noch bestehender wesentlicher sozialökonomischer Unterschiede zwischen Stadt und Land eine Schlüsselstellung ein. Es geht dabei um gesamtgesellschaftliche Entwicklungsprozesse, die das Leben in

---

[9] Programm der Sozialistischen Einheitspartei Deutschlands, a. a. O., S. 30/31.

den Städten und in den Dörfern verändern, die das materielle wie das geistig-kulturelle Leben der Menschen revolutionieren. Gerade dazu ist es notwendig, an die Stelle der bisherigen, spontan gewachsenen gesellschaftlichen Arbeitsteilung einen neuen Typ der Teilung und der Integration der gesellschaftlichen Gesamtarbeit zu setzen. Wie von Lenin vorausgesagt, vollziehen wir damit „die Vereinigung von Industrie und Landwirtschaft auf der Grundlage der bewußten Anwendung der Wissenschaft und der Kombinierung kollektiver Arbeit".[10]

Die intensiv erweiterte Reproduktion der Landwirtschaft ist folglich bei dem erreichten Entwicklungsstand der Produktivkräfte und dem Reifegrad der sozialistischen Produktionsverhältnisse wesentlich durch folgende Aspekte charakterisiert:

1. Das erreichte Intensitätsniveau der Pflanzen- und Tierproduktion, die erheblich gewachsenen volkswirtschaftlichen Fonds und die Erfordernisse zunehmender Effektivität der Befriedigung der Nahrungsgüter- und Rohstoffbedürfnisse der Gesellschaft ermöglichen und erfordern, durch die Genossenschaftsbauern und Arbeiter die maßgeblichen Faktoren der Vertiefung der Intensivierung komplex und wechselseitig verbunden zu verwirklichen. Mit der umfassenden Chemisierung, der komplexen Mechanisierung, der Melioration, der technischen Trocknung und der Züchtung in Einheit mit der weiteren Bildung und Qualifizierung der Werktätigen geht es gerade darum, in *allen* Zweigen der Pflanzen- und Tierproduktion höhere Erträge und Leistungen zu erzielen und in *allen* Stufen des Reproduktionsprozesses effektiver zu wirtschaften.

2. Die immer engere Verbindung von Wissenschaft und Produktion ist auch in der Landwirtschaft zur Hauptquelle der weiteren Steigerung der Produktion, Arbeitsproduktivität und Effektivität geworden. Durch die schrittweise Verwandlung der Agrarproduktion in angewandte Wissenschaft sind aus der engen Verflechtung von ökonomischen und natürlichen Reproduktionsprozessen wichtige Effekte für die Intensivierung der Gesamtvolkswirtschaft zu gewinnen. Das heißt, die weitere Intensivierung der Agrarproduktion fällt immer stärker mit dem von Marx vorausgesagten Prozeß zusammen, daß „die Agrikultur ... bloße Anwendung der Wissenschaft des materiellen Stoffwechsels (wird), wie er am vorteilhaftesten zu regulieren für den ganzen Gesellschaftskörper".[11]

3. Daraus ergibt sich zusammengefaßt, daß die weitere Intensivierung der Landwirtschaft entscheidend durch die schrittweise Herausbildung der maschinellen Großproduktion charakterisiert ist. Das ist ein gesetzmäßiger Prozeß, denn einerseits kann nur damit den volkswirtschaftlichen Anforderungen an wachsende Nahrungsgüter- und Rohstoffproduktion und die Erhöhung ihrer Effektivität entsprochen werden und andererseits können nur auf diese Weise im Interesse der Intensivierung des gesamtvolkswirtschaftlichen Reproduktionsprozesses die gegebenen Möglichkeiten rationell auch in der Agrarproduktion ausgeschöpft und die Arbeits- und Lebensbedingungen auf dem Lande weiter denen der Stadt angenähert werden.

Mit der Meisterung industriemäßiger Produktionsverfahren wird der revolutionäre Übergang von der stärker manufakturmäßigen zur maschinellen Großproduktion vollzogen. Es ist dies zugleich praktische Realisierung des objektiven Erfordernisses, das

---

[10] W. I. Lenin, Karl Marx (Kurzer biographischer Abriß mit einer Darlegung des Marxismus), in: Werke, Bd. 21, Berlin 1960, S. 60.

[11] K. Marx, Grundrisse der Kritik der Politischen Ökonomie, Berlin 1974, S. 592.

Niveau der Arbeitsproduktivität dem der Industrie anzugleichen. Darauf hat Marx in den „Grundrissen der Kritik der Politischen Ökonomie" hingewiesen.

Aus der Vielzahl der sich hieraus ergebenden ökonomischen Probleme möchte ich insbesondere auf zwei Fragen näher eingehen; das betrifft erstens die grundsätzliche Rolle der materiell-technischen Basis und der Technologie für die Meisterung effektiver und rationeller Produktionsverfahren und zweitens die fundamentale Bedeutung der engen Verbindung von Wissenschaft und Produktion. Der Grundmittelbestand der Land- und Forstwirtschaft erhöhte sich insgesamt von 1965 bis 1975 auf 168%. Sein Anteil am Grundmittelbestand der gesamten Volkswirtschaft blieb damit in diesem Zeitraum etwa konstant. In materiell-gegenständlicher Hinsicht wurden besonders mit den Beschlüssen des VIII. Parteitages der SED weitreichende Entwicklungen zur Gestaltung industriemäßiger Produktionsgrundlagen eingeleitet. Damit veränderte und verändert sich der Inhalt der Arbeit der Genossenschaftsbauern und Arbeiter der Landwirtschaft grundlegend. Insgesamt konnte durch die Anstrengungen der Arbeiterklasse die Fondsausstattung der Arbeit auf etwa 70% der durchschnittlichen Fondsausstattung der Arbeit in der Industrie erhöht werden, wobei hier der erhebliche Rückgang der Anzahl der Arbeitskräfte in Rechnung zu stellen ist.

Die weitere Erhöhung des wissenschaftlich-technischen Niveaus der Produktion, die maßgeblich auf der quantitativen und qualitativen Entwicklung der materiell-technischen Basis der Produktion und der schrittweisen Ausgestaltung geschlossener Produktionsverfahren beruht, rückt auch für die wirtschaftswissenschaftliche Arbeit neue Probleme in den Mittelpunkt. Um welche Prozesse geht es dabei unter anderem?

Erstens ist es generell notwendig, die *technologische Arbeit zur rationellen Gestaltung von Produktionsverfahren* zu verstärken. Die vorhandenen Fonds sind vereint mit den vorliegenden wissenschaftlichen Erkenntnissen und dem gewachsenen Qualifikationsniveau der Genossenschaftsbauern und Arbeiter noch gezielter für die Produktions- und Leistungssteigerung pro Flächen- bzw. Tiereinheit einzusetzen. Die wirksamere Einbeziehung der Grundfonds- und Materialökonomie in die sozialistische Betriebswirtschaft der LPG und VEG muß hier einen wesentlichen Beitrag zur Ausschöpfung von Reserven bei der Ökonomisierung der Reproduktionsprozesse leisten.

Zweitens geht es um die *durchgängige Mechanisierung* von Produktionsketten. Naturgemäß nimmt sie bei industrieller Produktion eine Schlüsselstellung ein. In enger Verbindung mit den bereits genannten Intensivierungsfaktoren geht es hierbei vor allem um die Schließung von Mechanisierungslücken, um mit Maschinensystemen auch das Leistungsvermögen von Schlüsselaggregaten rationell nutzen zu können. Die Verbesserung des Verhältnisses von Energieträgern und Arbeitsmaschinen trägt wesentlich dazu bei, den Energieeinsatz in der Landwirtschaft insgesamt entschieden wirtschaftlicher zu gestalten. In LPG und VEG mit fortgeschrittener Produktionsorganisation zeigt sich, daß die Grundfondsausstattung je Arbeitskraft zum Beispiel in der Pflanzenproduktion bei etwa 60 000 bis 80 000 Mark liegt, bei der Gemüseproduktion mit Gewächshausanlagen etwa bei 220 000 Mark, in den Agrochemischen Zentren (ACZ) bei 150 000 bis 200 000 Mark und in den industriemäßigen Anlagen der Milchproduktion bei etwa 250 000 Mark. Das erfordert, die Mittel konzentriert und zielgerichtet einzusetzen, um unter Berücksichtigung der sehr unterschiedlichen Relationen zwischen lebendiger und vergegenständlichter Arbeit bei den einzelnen Produkten und Verfahren einen hohen Nutzeffekt der Investitionen zu erreichen, gezielt lebendige Arbeit einzusparen und die Erträge und Leistungen nachhaltig zu steigern.

Drittens geht es mit der Vervollkommnung der materiell-technischen Basis der Produktion darum, *den natürlichen Bedingungen der Erzeugung pflanzlicher und tierischer Produkte* noch besser zu entsprechen. Es liegt in der Natur des Produktionsprozesses, eine hohe Schlagkraft der Technik, gedrängt in bestimmten Zeitspannen, zu gewährleisten, um Verluste zu vermeiden und die Qualität der Erzeugnisse zu erhöhen. Besondere Anstrengungen sind hier hinsichtlich der Bodenbearbeitungstechnik und für die Mechanisierung und die komplexe Realisierung der Intensivierungsfaktoren auf dem Gebiet der Gemüse- und Obstproduktion notwendig, um bei diesen weiter auszudehnenden Intensivkulturen die für die Versorgung der Bevölkerung notwendigen Steigerungsraten zu ermöglichen.

Es gehört zu den grundlegenden Entwicklungsrichtungen der Vervollkommnung der materiell-technischen Basis und der Technologie, die gegenseitige Anpassung der Arbeitsmittel und Arbeitsgegenstände zu verbessern. Ausnahmslos alle Intensivierungsmaßnahmen müssen der effektiven Beherrschung der Verflechtung von ökonomischen und natürlichen Reproduktionsprozessen dienen. Davon hängen entscheidend Wachstumstempo, Stabilität und Effektivität der Produktion wie auch Richtung, Dynamik und Gestaltungsformen weitreichender gesellschaftlicher Entwicklungsprozesse ab.

Viertens sei schließlich darauf verwiesen, daß sich mit der Ausgestaltung industriemäßiger Produktionsverfahren *neuartige Verkettungen von Produktions- und Arbeitsprozessen* ergeben, die für die qualitätsgerechte Bereitstellung volkswirtschaftlicher Endprodukte von prinzipieller Bedeutung sind. Das betrifft zum Beispiel Transport-, Umschlag- und Lagerprozesse, für die gegenwärtig etwa ein Drittel des Gesamtaufwandes an Arbeitskraftstunden der Landwirtschaft eingesetzt werden müssen. In der Pflanzenproduktion sind es 35 bis 40% aller Grundmittel und Materialien, die für Transport und Lagerarbeiten aufgewandt werden, darunter ein Drittel des in der Landwirtschaft insgesamt verbrauchten Dieselkraftstoffes. Es sind immerhin über 100 Mio t Erntegüter, die im Herbst in einem kurzen Zeitraum bewältigt werden müssen. Das zeigt das große ökonomische Gewicht, diese Aufgaben schrittweise in die Gestaltung industriemäßiger Produktion einzuordnen, notwendige Systemlösungen zu erarbeiten und zu realisieren, einschließlich der Mechanisierung sowie der Standardisierung von Bau und Ausrüstungen, um die Produktion zu meistern.[12]

Mit dem planmäßigen Übergang zu industriemäßigen Produktionsverfahren intensivieren sich die Verflechtungsbeziehungen zwischen Industrie und Landwirtschaft außerordentlich. Die energetische Basis der Landwirtschaft zum Beispiel wird heute praktisch ausschließlich in der sozialistischen Industrie produziert, während sie in den 50er Jahren noch zu einem erheblichen Teil in Gestalt von tierischen Zugkräften in der Landwirtschaft selbst hervorgebracht wurde. Andererseits bedürfen nunmehr nahezu 90% der gesamten landwirtschaftlichen Produktion einer industriellen Be- und Verarbeitung, um konsumreife Endprodukte herzustellen. Gerade auf der Grundlage des engen kooperativen Zusammenwirkens aller beteiligten Zweige und Bereiche der Volkswirtschaft ist es überhaupt möglich, die kontinuierliche und stabile Versorgung der Bevölkerung zu gewährleisten, denn täglich sind neben großen Mengen pflanzlicher Erzeugnisse 6300 t Schlachtvieh, 22 500 t Milch und 13 Mio Stück Eier bereitzustellen.

Die volkswirtschaftlichen Verflechtungsprozesse stellen unseres Erachtens neue An-

---

[12] Vgl. K. Mührel, Zum Transport in der Landwirtschaft, in: Internationale Zeitschrift der Landwirtschaft, 4/1978, S. 339–343.

forderungen an die Integration ihrer wissenschaftlichen Bearbeitung in der wirtschaftswissenschaftlichen Forschung. Sie sind allein aus agrarökonomischen Gesichtspunkten im herkömmlichen Sinne nicht mehr lösbar.

Das betrifft die bereits angesprochenen Probleme der Energie- und Ressourcenwirtschaft und der Bedarfsforschung genauso wie die Erarbeitung wissenschaftlicher Grundlagen der engen Verbindung von Wissenschaft und Produktion, einer rationellen Transport- und Lagerwirtschaft und ähnliches.

Mehr und mehr sind hohe Leistungen von Wissenschaft und Technik dafür bestimmend, den Anforderungen einer spezialisierten, industriemäßig produzierenden Pflanzen- und Tierproduktion und den neuartigen Wechselbeziehungen zwischen diesen Bereichen voll zu entsprechen und die Produktion, die Arbeitsproduktivität und die Effektivität planmäßig zu steigern.

Damit komme ich zum zweiten Problem, der engeren Verbindung von Wissenschaft und Produktion bei der weiteren Intensivierung und Industrialisierung der Agrarproduktion. Im Grunde genommen geht es darum, Schritt für Schritt einen solchen Reifegrad der Produktions- und Reproduktionsprozesse zu erreichen, bei dem – wie Marx sagte – „die Schöpfung des wirklichen Reichtums abhängig (wird) weniger von der Arbeitszeit und dem Quantum angewandter Arbeit . . ., sondern vielmehr abhängt vom allgemeinen Stand der Wissenschaft und dem Fortschritt der Technologie, oder der Anwendung dieser Wissenschaft auf die Produktion".[13]

Komplexe wissenschaftliche Lösungen sind der Springpunkt für die weitere erfolgreiche sozialistische Intensivierung und die Veränderung der gesamten Art und Weise der landwirtschaftlichen Produktion, denn industriemäßige Produktion pflanzlicher und tierischer Erzeugnisse kann nur wissenschaftlich betriebene Großproduktion sein. Auch hier muß nochmals an die Eigenheit landwirtschaftlicher Produktion und Reproduktion als Einheit von ökonomischen, technischen und biologischen Vorgängen erinnert werden, um die ganze Tragweite neuer wissenschaftlicher Erkenntnisse für die ökonomische Nutzung der Naturgesetze und der Gesetze der gesellschaftlichen Produktion deutlich zu machen. Das erfordert objektiv ein breites interdisziplinäres Herangehen an die Forschungsaufgaben und die planmäßige Überleitung ihrer Ergebnisse in die Praxis.

Die Qualifizierung der Leitung und Planung der wissenschaftlich-technischen Arbeiten von der Aufgabenstellung für Forschung und Entwicklung bis zur betrieblichen Planung des wissenschaftlich-technischen Fortschritts entwickelt sich demzufolge auch in der Landwirtschaft zu jenem übergreifenden, bestimmenden Faktor, der alle Intensivierungsmaßnahmen durchdringt. Immer notwendiger wird es hierbei, ganze Produktionsketten zu erfassen und ihre wissenschaftliche Fundierung zu gewährleisten, damit Fortschritte in der einen Produktionsstufe nicht durch Rückstände des wissenschaftlich-technischen Niveaus in anderen Stufen kompensiert werden. Mit diesem Ziel werden auch in der Landwirtschaft Wissenschafts-Produktions-Vereinigungen erprobt.

Das schließt gleichzeitig ein, der investitionsmäßigen Sicherung neuer wissenschaftlich-technischer Prinziplösungen erhöhte Aufmerksamkeit zu schenken, denn gerade hiervon wird der Nutzeffekt des wissenschaftlich-technischen Fortschritts insgesamt maßgeblich bestimmt.

Diese wachsenden Anforderungen an Wissenschaft und Technik seien hier am Beispiel neuer Erfordernisse der erweiterten Reproduktion der Bodenfruchtbarkeit und der Ent-

[13] K. Marx, Grundrisse der Kritik der Politischen Ökonomie, a. a. O., S. 592.

wicklung des gesellschaftlichen Arbeitsvermögens in der Landwirtschaft kurz verdeutlicht.

Die Landwirtschaft nutzt mit dem Boden als Hauptproduktionsmittel eine der wichtigsten Naturressourcen der DDR, die in den volkswirtschaftlichen Kreislauf einbezogen sind.

Unser Bodenfonds – er umfaßt 6,3 Mio ha landwirtschaftliche Nutzfläche (LN) – ist bekanntlich nicht vermehrbar, im Gegenteil, die Nutzfläche hat sich in den vergangenen 20 Jahren um etwa 200 000 ha – das entspricht der Nutzfläche des Bezirkes Gera – verringert. Je Hektar landwirtschaftlicher Nutzfläche sind durch intensive Bodennutzung durch die Genossenschaftsbauern und Arbeiter nahezu drei Bürger unserer Republik zu ernähren. Da auch künftig unvermeidbar landwirtschaftliche Nutzfläche für volkswirtschaftliche Zwecke bereitgestellt werden muß, ist durch die Arbeit der Genossenschaftsbauern und Arbeiter ein prozentual schnelleres Wachstum der Produktion je Hektar landwirtschaftlicher Nutzfläche im Vergleich zum Gesamtwachstum der Produktion zu gewährleisten. Ausnahmslos alle Intensivierungsmaßnahmen müssen demzufolge dazu beitragen, die Bodenfruchtbarkeit als Naturbedingung wachsender Nahrungsgüterproduktion planmäßig zu steigern. Der sorgsame Umgang mit jedem Quadratmeter landwirtschaftlicher Nutzfläche, die Erhöhung der agronomischen Disziplin in der Arbeit jeder LPG und jedes VEG verbinden sich mit solchen wissenschaftlich-technischen Lösungen, die im Interesse einer stabilen und kontinuierlichen Ertragserhöhung die erweiterte Reproduktion der Bodenfruchtbarkeit bei zunehmend industriemäßigen Produktionsverfahren gewährleisten.

Ausgehend von dem erreichten Stand der gesellschaftlichen Organisation der Produktion, richten sich wissenschaftlich-technische Arbeiten vor allem darauf, auf der Grundlage wissenschaftlich begründeter Fruchtfolgen die notwendige Versorgung der Böden mit organischer Substanz unter den Bedingungen verstärkter Verwertung des Strohs als Futter zu sichern, die wissenschaftlichen Empfehlungen für den optimierten Einsatz der Düngemittel, für die Beregnung und den Einsatz von Schädlingsbekämpfungsmitteln auszubauen und zu vervollkommnen, die bodenfruchtbarkeitsfördernde und ökonomisch wirksame Verwertung tierischer Abprodukte zu sichern, wirksame Lösungen zur weiteren Verbesserung der phytosanitären Funktion des Bodens unter den Bedingungen gewachsener Anbaukonzentration zu erarbeiten und nicht zuletzt auch Verfahren und technische Mittel für eine bessere Eignung des Bodens für industriemäßige Produktion zu entwickeln.

Die bestimmende Rolle der materiell-technischen Basis der Produktion für die Vertiefung der Intensivierung der Agrarproduktion verbindet sich unlöslich mit der Ausprägung der schöpferischen Funktion der Werktätigen. Entwicklungsprobleme des gesellschaftlichen Arbeitsvermögens rücken deshalb notwendigerweise immer stärker in den Mittelpunkt wissenschaftlicher Arbeit zur effektiven Gestaltung der Reproduktionsprozesse in der Landwirtschaft.

Auf den Gesamtrückgang des gesellschaftlichen Arbeitsvermögens wurde bereits hingewiesen. Ein maßgeblicher Teil der eingesetzten Fonds diente unmittelbar der Substitution lebendiger Arbeit. Für den Ersatz einer Arbeitskraft sind erhebliche Investitionen notwendig. Die in den vergangenen zehn Jahren eingetretene Verminderung von annähernd 240 000 Beschäftigten vollzog sich dabei fast ausschließlich in der Pflanzenproduktion. Hier müssen jedoch etwa 40% des gesamten Arbeitszeitaufwandes in rund 20% der zur Verfügung stehenden Arbeitstage geleistet werden. In der Tierproduktion liegen die Probleme vor allem darin, daß bei hoher Arbeitszeitbelastung ein erheblicher Teil der Tierpfleger im Rentenalter steht, der sogenannte gebrochene Arbeitstag noch vorherrscht und in erheblichem Umfang noch schwere körperliche Arbeit zu leisten ist. All das bedeutet, daß – abgesehen von weiteren Verminderungen aus altersmäßigen Gründen – die Möglichkeiten der Freisetzung von Arbeitskräften weitgehend ausgeschöpft sind. Auch unter Berücksichtigung der erkennbaren wissenschaftlich-technischen Fortschritte ergeben sich daraus – vor allem in Erntekampagnen (je nach Witterung und Erträgen) – spezifische Anforderungen an die Sicherung des notwendigen Arbeitskräftebedarfs, denn der unbedingt notwendige Arbeitskräftebesatz in der Landwirtschaft ist nicht an Spitzenzeiten orientiert, sondern beinhaltet die kontinuierliche Auslastung des gesellschaftlichen Arbeitsvermögens. Die langfristigen volkswirtschaftlichen Lösungen auf diesem Gebiet, die durch den Beschluß des Politbüros vom 14. 2. 1978 zu den Lehren aus der Ernte 1977 umrissen wurden, schließen selbstverständlich die Ausschöpfung aller Möglichkeiten ein, die die Kooperation zwischen Pflanzen- und Tierproduktion, das Zusammenwirken mit der Forstwirtschaft usw. im Bereich der Landwirtschaft und Nahrungsgüterwirtschaft selbst bieten. Auch volkswirtschaftliches Herangehen an die Realisierung aller vorhandenen Möglichkeiten der Lehrlingszuführung sind hier einbegriffen, worauf in diesem Zusammenhang nur verwiesen werden kann. Die Kernfrage besteht jedoch insgesamt darin, mit aller Konsequenz an solchen wissenschaftlich-technischen Lösungen zu arbeiten, die gezielt dazu beitragen, über die bisherigen Vorstellungen hinaus lebendige Arbeit in größeren Dimensionen einzusparen. Davon müssen die weiteren Entwicklungsarbeiten zur Vervollkommnung industriemäßiger Technologien in entscheidendem Maße bestimmt sein.

III. Zur Nutzung der gesellschaftlichen Organisation der Produktion; die Effektivität der Intensivierung in den LPG und VEG der Pflanzen- und Tierproduktion

Im Ergebnis der kontinuierlichen marxistisch-leninistischen Agrarpolitik der SED wurden von den Genossenschaftsbauern und Arbeitern mit den Beschlüssen des VIII. und IX. Parteitages weitreichende Prozesse der Vergesellschaftung der Produktion und der Arbeit auf dem Lande vollzogen. Aus den nahezu 20 000 sozialistischen Landwirtschaftsbetrieben zu Beginn der 60er Jahre haben sich rund 1200 auf die Pflanzenproduktion spezialisierte LPG, VEG und kooperative Einrichtungen sowie rund 3700 LPG, VEG und kooperative Einrichtungen der Tierproduktion herausgebildet. Diese Betriebe vollziehen ihren arbeitsteiligen Reproduktionsprozeß in engem Zusammenwirken mit 156 volkseigenen Kreisbetrieben für Landtechnik (KfL), 258 Agrochemischen Zentren (ACZ) als zwischenbetriebliche Einrichtungen, 362 Trockenwerken und Pelletieranlagen und weiteren kooperativen Einrichtungen.

In Übereinstimmung mit dem Leninschen Genossenschaftsplan wurden so die sozialistischen Produktionsverhältnisse auf dem Lande weiterentwickelt, wurde den Anforderungen der gesellschaftlichen Arbeitsteilung auf sozialistische Weise entsprochen.

Wie Genosse Erich Honecker auf der Beratung mit den 1. Sekretären der Kreisleitungen der SED hervorhob, kommt es bei dem nunmehr erreichten Stand der gesellschaftlichen Entwicklung darauf an, unter weiterer Vertiefung der Kooperation „die LPG, VEG und ihre kooperativen Einrichtungen zu festigen und nicht zu vergrößern. Das ist eine langfristige Orientierung"[14]. Sie zielt darauf ab, die neuen Probleme der Organisation der Produktion zu meistern, die Leistungsfähigkeit der sozialistischen Landwirtschaftsbetriebe zu erhöhen und dazu auf dem Wege der Intensivierung alle ihre inneren Kräfte freizusetzen.

Das findet in den neuen Musterstatuten für LPG Pflanzenproduktion und für LPG Tierproduktion umfassenden rechtlichen Ausdruck. Die genossenschaftliche Demokratie und die sozialistische Betriebswirtschaft unter den Bedingungen vertiefter Arbeitsteilung anzuwenden und so die weitere Intensivierung der Produktion und die Meisterung des wissenschaftlich-technischen Fortschritts zu fördern, das sind wesentliche Grundlagen der praktischen Realisierung der Statuten.

Die 383 000 Genossenschaftsbauern und Arbeiter der LPG und VEG der Pflanzenproduktion haben gemeinsam mit ihren Kooperationspartnern den Bruttoumsatz in den Jahren 1966 bis 1975 durchschnittlich jährlich um 1,2%, die Arbeitsproduktivität um 6,3% gesteigert. Heute bewirtschaftet jeder Pflanzenproduktionsbetrieb durchschnittlich eine Fläche von 5000 ha LN mit Kollektiven von 350 bis 400 Genossenschaftsbauern und Arbeitern. Die Erzeugniskonzentration wurde auf das 6- bis 8fache gesteigert. Das betriebliche Bruttoprodukt konnte von etwa 0,6 Mio Mark in den vielzweigig organisierten LPG und VEG auf etwa 7 bis 9 Mio Mark in den spezialisierten Pflanzenproduktionsbetrieben erhöht werden. Fortschritte in der Steigerung der Produktion und der Erhöhung ihrer Effektivität wurden insbesondere im Getreide- und Ölfruchtanbau erzielt. Wie viele Landwirtschaftsbetriebe in der Praxis beweisen, konnte zum Beispiel in der Getreideproduktion der Aufwand an Arbeitskraftstunden auf 0,2 bis 0,3 je Dezitonne gegenüber 2 bis 3 Arbeitskraftstunden bei den Verfahren der 60er Jahre reduziert werden, die Verfahrenskosten je Hektar wurden von 18 auf 13 Mark gesenkt, je 1000 Tonnen Getreide wurden 7 bis 8 Arbeitskräfte eingespart. Besonders hohe Anforderungen an die materiell-technische Basis und die leitungsmäßige Beherrschung fortgeschrittener Produktionsorganisation sind bei der Erzeugung von Hackfrüchten zu realisieren, deren Meisterung von ausschlaggebender Bedeutung für den schnelleren Leistungszuwachs der Pflanzenproduktion insgesamt geworden ist. Wie bisher werden auch weiterhin etwa 50% der Gesamtinvestitionen der Landwirtschaft auf die Pflanzenproduktion zu konzentrieren sein, um notwendige Voraussetzungen für die Intensivierung der gesamten Nahrungsgütererzeugung zu schaffen. Die Genossenschaftsbauern und Arbeiter richten dementsprechend alle Kräfte auf die weitere Steigerung der Hektarerträge. Das ist und bleibt der Hauptweg zur Erhöhung des Gesamtvolumens der Pflanzenproduktion und zur Verbesserung ihrer Stabilität. Davon hängt entscheidend die Ökonomie des Fonds- und Materialeinsatzes und die Steigerung des Nutzeffektes der lebendigen Arbeit ab. Nur über die Lösung dieser entscheidenden Aufgabe ist es möglich, die Proportionen zwischen Pflanzen- und Tierproduktion günstiger zu gestalten, die Futterbereitstellung für die Tierproduktion mengen- und qualitätsmäßig zu verbessern und über den schrittweisen Aufbau von Futterreserven wirksamer auf die Kontinuität der gesamten landwirtschaftlichen Produktion hinzuwirken. Dazu ist vor allem das arbeitsteilige Zusammenwirken mit den ACZ, den KfL und den Meliorationsbetrieben so zu gestalten, daß das gemeinsame Interesse einheitlich auf steigende und stabile Erträge gerichtet ist, die

---

[14] E. Honecker, Die Aufgaben der Partei bei der weiteren Verwirklichung der Beschlüsse des IX. Parteitages der SED, Berlin 1978, S. 49.

wissenschaftlich-technischen Erkenntnisse konsequent zu betrieblichen Normativen konkretisiert werden und in Qualitätssicherungssystemen für die einzelnen Fruchtarten Anwendung finden.

Die spezialisierte Pflanzenproduktion bietet auch alle Voraussetzungen dafür, die ungerechtfertigten Unterschiede im Ertragsniveau sowohl innerhalb als auch zwischen den LPG und VEG weiter einzuschränken. Damit werden erhebliche Produktions- und Effektivitätsreserven mobilisiert, deren Ausschöpfung generell mit dem Kampf gegen jegliche Art von Verlusten verbunden ist.

Die rund 395 000 Genossenschaftsbauern und Arbeiter der LPG, VEG und kooperativen Einrichtungen der Tierproduktion haben den Bruttoumsatz von 1965 bis 1975 durchschnittlich jährlich um 7,7%, die Arbeitsproduktivität um 7,8% gesteigert. Produktionskollektive von durchschnittlich 100 Genossenschaftsbauern und Arbeitern betreuen heute in einem Betrieb Tierbestände von 1500 Großvieheinheiten und mehr.

Im sozialistischen Wettbewerb richten die Arbeiter und Genossenschaftsbauern hier ihre Hauptanstrengungen darauf, die volkswirtschaftlich richtige Reproduktion der Tierbestände zu sichern, die Leistungen je Tier, insbesondere in der Schweinehaltung, zu erhöhen, die Tierverluste zu senken und durch eine hohe Futterökonomie das Verhältnis von Aufwand und Ertrag zu verbessern.

Aus den Reproduktionsbedingungen der Tierproduktion und den volkswirtschaftlichen Möglichkeiten ergibt sich dabei, daß für lange Zeiträume die Verknüpfung von industriemäßigen Anlagen mit herkömmlichen Kapazitäten den Intensivierungsprozeß bestimmen werden. In erheblichem Umfang müssen Investitionen dafür eingesetzt werden, absolut verschlissene Ställe zu ersetzen.

Rund 80 bis 85% der gesamten Tierproduktion kommen heute noch aus herkömmlichen Produktionsanlagen, wo zum Beispiel in der Milchvieh- und Schweinehaltung ein erheblicher Anteil der Fütterungs- und Entmistungsarbeiten manuell durchgeführt werden muß. Insgesamt werden gegenwärtig in industriemäßigen Anlagen 5,8% der Kuhbestände, 4,1% der Mastrinder, 10,4% der Zuchtschweine und 7,4% der Mastschweine gehalten. Das unterstreicht die außerordentliche Bedeutung der Rationalisierung und Rekonstruktion in der Tierproduktion. Nach einschlägigen Berechnungen müssen in den kommenden Jahren in erheblichem Umfang Tierplätze rationalisiert und rekonstruiert werden. Das stellt hohe Anforderungen, in Gemeinschaftsarbeit von Industrie und Landwirtschaft – zentralisiert wie territorial – den Bau von Rationalisierungsmitteln zu forcieren, effektive Verfahrenslösungen bei der Rekonstruktion vorhandener Anlagen zu realisieren und mit der industriemäßigen Tierproduktion verstärkt auf die Erhöhung des wissenschaftlich-technischen Niveaus der Gesamterzeugung einzuwirken. Auch in Ställen, die wenig Möglichkeiten für Rekonstruktion bieten, müssen bestimmte Rationalisierungsmaßnahmen durchgeführt werden, um die schwere körperliche Arbeit der älteren Tierpfleger, insbesondere der Frauen, zu erleichtern und die Kapazitäten für die Erfüllung der Planaufgaben zu nutzen. Die im Kreis Mühlhausen, Bezirk Erfurt, gesammelten Erfahrungen auf dem Gebiet der Leitung, Planung und Organisation dieser Prozesse sind deshalb von großem ökonomischem und sozialem Gewicht für die weitere Intensivierung der Tierproduktion. Generell bestätigen sie die Notwendigkeit, den Anteil für Rationalisierung und Rekonstruktion an den Gesamtinvestitionen für die Tierproduktion zu erhöhen, die Rang- und Reihenfolge der Rationalisierungs- und Rekonstruktionsmaßnahmen gründlich mit dem Plan festzulegen und das kooperative Zusammenwirken der Betriebe im Territorium gezielt für die Rationalisierung auszunutzen. Zugleich erlangen planmäßige Ersatzinvestitionen für bereits vorhandene industriemäßige Anlagen größeres Gewicht in der Investitionsverwendung.

In den LPG und VEG der Tierproduktion wird unter Bedingungen einer Vielzahl von Produktionsstätten produziert. Hier mit der zunehmenden Bereitstellung von Rationalisierungsmitteln schrittweise die inner- und zwischenbetriebliche Konzentration von Beständen und Tierarten zu nutzen, durch betriebswirtschaftliche Maßnahmen Produktionskollektive zu formieren und die Arbeits- und Lebensbedingungen der Werktätigen gezielter zu verbessern, ist von grundsätzlicher Bedeutung für die Sicherung der Planaufgaben.

Wie in allen Etappen der sozialistischen Umgestaltung der Landwirtschaft bewährt sich auch bei der Lösung dieser neuen Aufgaben der Intensivierung der Pflanzen- und Tierproduktion die Kooperation als ein Wesenszug der Agrarpolitik der SED. Das Hauptkettenglied besteht dabei gegenwärtig darin, die Kooperationsbeziehungen zwischen Pflanzen- und Tierproduktion stabil und konstruktiv zu gestalten. Die Vorteile der Arbeitsteilung – spezialisierte und konzentrierte Produktion, bessere Überschaubarkeit der Reproduktionsprozesse, günstige Realisierungsbedingungen für wissenschaftlich-technische Maßnahmen einschließlich der gezielten Bildung und Qualifizierung der Arbeitskollektive – werden über den Ausbau der gegenseitigen ökonomischen Beziehungen, der exakten Festlegung wechselseitiger Lieferungen und Leistungen realisiert. Nur so schlagen sie sich in steigender Produktion und hoher Effektivität nieder, denn es ist entscheidend, wie auf der 8. Tagung des ZK der SED betont wurde, die Vorteile der industriemäßigen Produktion so auszuschöpfen, daß ein immer günstigeres Verhältnis von Aufwand und Ergebnis für die Volkswirtschaft realisiert wird.[15] Im Mittelpunkt stehen dabei insbesondere die gesamten futterwirtschaftlichen Beziehungen, um die Planerfüllung in der Pflanzen- und in der Tierproduktion zu gewährleisten, gemeinsam in den Betrieben beider Bereiche die Rentabilität der Produktion zu sichern, Arbeitskräfteprobleme im beiderseitigen Interesse zu lösen und die Arbeits- und Lebensbedingungen in den Dörfern insgesamt weiter zu verbessern. Entsprechend den Grundsätzen der Agrarpolitik der Partei wird dieses Zusammenwirken in Verbindung mit den staatlichen Leitungen durch Kooperationsräte organisiert, in denen Vertreter der Pflanzen- und Tierproduktionsbetriebe kameradschaftlich zusammenarbeiten, um die neuen Reproduktionsbedingungen und -erfordernisse immer besser zu meistern. Diesem Grundanliegen dient auch die erzeugnisorientierte Zusammenarbeit zwischen Betrieben der Landwirtschaft, der Verarbeitungsindustrie und des Handels in Gestalt von Kooperationsverbänden. Bisher sind nahezu 350 solcher Verbände, vor allem auf dem Gebiet der Milch- und Fleischproduktion sowie der Getreide-, Zucker-, Kartoffel- und Gemüsewirtschaft, tätig. Das gemeinsame Anliegen der Kooperationspartner besteht vornehmlich darin, durch den gezielten Einfluß auf Menge, Qualität, Sortiment und Kontinuität der Produktion der Mitgliedsbetriebe die Produktion durchgängiger zu rationalisieren, Schritt für Schritt vertikal gegliederte Erzeugnisketten zu organisieren und so ihre Versorgungswirksamkeit zu erhöhen. Dem dient letztlich auch die Herausbildung neuer Organisationsformen der Kooperation, wie sie die Zusammenarbeit mehrerer LPG und VEG mit ACZ, Meliorations- und gegebenenfalls Verarbeitungsbetrieben in Agrar-Industrie-Vereinigungen der Pflanzenproduktion darstellt. Ihr Anliegen ist es, den zunehmend arbeitsteiligen Repro-

---

[15] Vgl. 8. Tagung des ZK der SED, Aus dem Bericht des Politbüros an das Zentralkomitee der SED, Berichterstatter: Genosse Erich Honecker, Berlin 1978, S. 34.

duktionsprozeß auf der Grundlage der wirtschaftlichen Rechnungsführung, bei voller juristischer Selbständigkeit der LPG und VEG, ohne Veränderung ihrer Eigentumsformen, einheitlich zu leiten, zu planen und effektiver zu gestalten. Seit dem IX. Parteitag der SED hat sich in jedem Bezirk der DDR eine Agrar-Industrie-Vereinigung der Pflanzenproduktion herausgebildet. In ihnen bewirtschaften jeweils durchschnittlich 2200 Genossenschaftsbauern und Arbeiter aus fünf Betrieben kooperativ etwa 30 000 ha landwirtschaftlicher Nutzfläche. Wie die ersten Ergebnisse zeigen, zahlt sich der konzentrierte Einsatz von Kräften und Mitteln aus.

Die Aufgaben zur immer effektiveren Nutzung der Fortschritte in der gesellschaftlichen Organisation der Produktion auf dem Wege der Kooperation umfassen immer stärker auch das Zusammenwirken mit den Betrieben des Leistungs- und Versorgungsbereiches der Landwirtschaft.

Von den industriellen Vorleistungen für die landwirtschaftliche Primärproduktion werden gegenwärtig nahezu 60% durch produktive Leistungen der Betriebe des landwirtschaftlichen Anlagenbaus, der landtechnischen Instandsetzung, der landwirtschaftseigenen Baukapazität usw. produziert. Allein der Bereich der Landtechnik erbringt jährlich Leistungen von etwa 3,5 Mrd. Mark.

Mit dem gezielten Investitionseinsatz, dem Ausbau der materiell-technischen Basis dieser Betriebe und der Vertiefung der Kooperation geht es darum, grundsätzlich wachsenden Produktivitäts- und Effektivitätserfordernissen zu entsprechen. Hier sind weitere wissenschaftliche Arbeiten dringend erforderlich, um die günstigsten Relationen zum Beispiel zwischen Maschinenbesatz, Auslastung der Kapazitäten, Instandhaltung und spezialisierter Instandsetzung zu begründen, wirksamer über den gezielten Fondseinsatz in den Betrieben des Leistungs- und Versorgungsbereiches Produktionsreserven zu erschließen und so die Effektivität der Fondswirtschaft in der Landwirtschaft im ganzen zu erhöhen. Dazu sei nur auf folgende Probleme hingewiesen:

Zur Zeit ergibt sich ein durchschnittlicher Instandhaltungsaufwand von etwa 18% des Bruttowertes der mobilen Landtechnik. Diesen Aufwand gilt es zu senken, womit weitreichende Konsequenzen für die Ökonomie der lebendigen Arbeit im Instandsetzungssektor verbunden sind. Die wachsenden Instandhaltungsarbeiten sind mit höherer Effektivität zu gewährleisten, um zugleich den Rationalisierungsmittelbau zu erweitern. Die Kooperation zwischen den sozialistischen Landwirtschaftsbetrieben und ihren Partnern im Leistungs- und Versorgungsbereich werden dementsprechend planmäßig weiter ausgebaut und intensiviert. Zugleich unterstreicht das die große volkswirtschaftliche Bedeutung der von Genossen Erich Honecker in dem Referat vor den 1. Kreissekretären der SED gegebenen Orientierung, „mit noch größerer Konsequenz ... auch an der Erhöhung der Qualität der Landmaschinen und anderer Ausrüstungen zu arbeiten ..., die Laufzeiten, die Standfestigkeit, den Grad der Standardisierung und andere Parameter zu verbessern".[16]

Bei allen Entwicklungsformen der Kooperation handelt es sich immer um wichtige sozialökonomische Prozesse. Die LPG und VEG als Grundeinheiten der Produktion und des gesellschaftlichen Lebens auf dem Lande stehen dabei im Mittelpunkt. Bei allen Maßnahmen und Schritten gilt es zu beachten, daß die LPG etwa 90% der gesellschaft-

---

16 E. Honecker, Die Aufgaben der Partei bei der weiteren Verwirklichung der Beschlüsse des IX. Parteitages der SED, a. a. O., S. 47.

lich genutzten Fläche unserer Landwirtschaft bewirtschaften und den weitaus größten Teil des staatlichen Aufkommens an pflanzlichen und tierischen Produkten erzeugen.

Die konkrete Gestaltung und Entwicklung der sozialistischen Betriebsformen basiert deshalb strikt auf der vom IX. Parteitag beschlossenen grundsätzlichen Orientierung „... daß beide Formen des sozialistischen Eigentums in der Landwirtschaft große Entwicklungspotenzen besitzen und auch das genossenschaftliche Eigentum breiten Raum für den Übergang der Klasse der Genossenschaftsbauern zu industriemäßiger Produktion bietet".[17]

Die eigenen und die internationalen Erfahrungen bestätigen, daß der Prozeß des Übergangs zu einer neuen Art und Weise der Erzeugung pflanzlicher und tierischer Produkte mit vielfältigen ökonomischen Konsequenzen und Problemen verbunden ist.

Gesamteinschätzungen der Effektivität und Rationalität der Intensivierung und des Übergangs zu industriemäßigen Produktionsmethoden in der Pflanzen- und Tierproduktion müssen dabei immer – wie bei der Analyse der intensiv erweiterten Reproduktion im volkswirtschaftlichen Gesamtmaßstab – durch komplexes Herangehen bestimmt sein. Ausgangspunkt hierbei ist und bleibt die stabile und kontinuierliche Befriedigung der Nahrungsgüterbedürfnisse unserer sozialistischen Gesellschaft.

Dabei liegt es in der Natur des Prozesses der Herausbildung maschineller Großproduktion auf dem Lande, daß durchgängig mechanisierte Produktionsketten nur schrittweise entwickelt werden können und durch die Produzenten selbst Erfahrungen der Meisterung industriemäßiger Produktionsmethoden gesammelt werden müssen.

1. Im Prozeß der Intensivierung und Industrialisierung der Agrarproduktion werden grundsätzliche ökonomische und soziale Effekte realisiert, die gerade den sozialistischen Charakter der Herausbildung maschineller Großproduktion auf dem Lande ausmachen. Das schließt ein, durch entsprechende ökonomische Arbeit alle Kräfte und Mittel auf die Erschließung von Effektivitätsreserven zu konzentrieren. Bestimmte Gesichtspunkte dafür wurden bereits behandelt.

2. Mit der Intensivierung der biologischen Stoffproduktion werden generell bedeutende Effekte für die Volkswirtschaft nutzbar gemacht. Dabei ist der wachsende Einsatz von Fonds in Gestalt von Produktionsmitteln, Material usw. nicht in jedem Fall und in jedem Zeitraum mit gleichem bzw. schnellerem Wachstum der biologischen Leistungsfähigkeit der Pflanzen und Tiere identisch. Diesen Konsequenzen der Verflechtung von biologischen und ökonomischen Reproduktionsprozessen kann nicht etwa durch radikale Veränderungen der Erzeugnisstruktur begegnet werden. Das unterstreicht nochmals die fundamentale ökonomische Bedeutung vorausschauender naturwissenschaftlicher, technischer und technologischer Forschungen für die effektivere Gestaltung der landwirtschaftlichen Reproduktionsprozesse.

3. Stärker sind in der wissenschaftlichen Bearbeitung der Effektivitätsprobleme Ergebnisse der Verfahrensforschung zu berücksichtigen, um gezielter auf die Überwindung handarbeitsaufwendiger Unterbrechungen technologischer Ketten hinzuwirken. Die sich aus dem Auseinanderfallen von Produktions- und Arbeitsprozessen ergebenden Konsequenzen für Umfang und Struktur der Fonds sind eingehender zu untersuchen, ebenso die Entwicklungsprobleme des Verhältnisses von Bruttoproduktion, Produktionsverbrauch und Nettoprodukt unter Berücksichtigung des starken Rückgangs der Arbeits-

---

[17] Bericht des Zentralkomitees der Sozialistischen Einheitspartei Deutschlands an den IX. Parteitag der SED, Berichterstatter: Genosse Erich Honecker, a. a. O., S. 64.

kräfte, um zu begründeten Kriterien und Maßstäben der intensiv erweiterten Reproduktion der Agrarproduktion zu kommen.

4. Gerade mit Fortschritten der Mechanisierung als Rückgrat der industriemäßigen Produktion ergeben sich zunehmend Möglichkeiten einer komplexen Gestaltung der Grundfonds- und Materialwirtschaft. Neuinvestitionen, Rationalisierung und Rekonstruktion, Instandsetzung und Instandhaltung sowie Aussonderung und Amortisationsverwendung gilt es so zu verbinden, daß die Vorteile konzentrierter und spezialisierter Produktion immer besser genutzt werden. Dabei gewinnt in besonderem Maße die gezielte Entfaltung der Neuerer- und Rationalisatorenbewegung auch in der Landwirtschaft wachsende Bedeutung.

5. Es geht nicht zuletzt darum, das gewachsene wissenschaftlich-technische Potential des gesellschaftlichen Arbeitsvermögens auf dem Lande noch gezielter für den Produktions- und Effektivitätszuwachs einzusetzen. Die weiteren Qualifizierungsmaßnahmen richten sich gerade darauf, die Bildungsinhalte entsprechend den Erfordernissen industriemäßiger Produktion zu profilieren, den Anteil von Hoch- und Fachschulkadern in den Produktionskollektiven in Übereinstimmung mit den Erfordernissen industriemäßiger Verfahren und den gewonnenen Erfahrungen zu erhöhen und der Aus- bzw. Weiterbildung von Mechanisatoren besondere Aufmerksamkeit zu widmen.

Entsprechend diesen Gesichtspunkten ist die Beschleunigung des absoluten Zuwachses des Bruttoprodukts besonders hervorzuheben. Das Bruttoprodukt der Land- und Forstwirtschaft erhöhte sich im Mittel der Jahre 1961/65 gegenüber dem Durchschnitt der Jahre 1956/60 um rund 1,6 Mrd. Mark, im Jahresmittel des Zeitraumes 1966/70 betrug der Zuwachs zum Durchschnitt des vorangegangenen Fünfjahrzeitraumes rund 5,9 Mrd. Mark. Er erhöhte sich im Schnitt der Jahre 1971/75 um 10,2 Mrd. Mark im Vergleich zur vorangegangenen Fünfjahrplanperiode. Auch das durchschnittliche jährliche Wachstum des Bruttoumsatzes je Beschäftigten beschleunigte sich. Es entwickelte sich in den genannten Vergleichszeiträumen von durchschnittlich jährlich 3,4% über 4,7 auf 4,9%.[18]

Diese Angaben charakterisieren unseres Erachtens wichtige Seiten der Effektivität der Intensivierung und des Übergangs zu industriemäßigen Verfahren in der Pflanzen- und Tierproduktion.

Ausgehend von diesen Überlegungen, ist an die weitere Bearbeitung der Effektivitätsprobleme heranzugehen, um unseren Beitrag zur Intensivierung des landwirtschaftlichen Reproduktionsprozesses zu erhöhen. Von den konkreten Reproduktionsbedingungen und -erfordernissen abstrahierende Betrachtungen sind nicht dazu angetan, die tatsächlichen Probleme lösen zu helfen.

Auf dem IX. Parteitag der SED wurde betont, daß sich mit der weiteren Intensivierung und dem planmäßigen Übergang zu industriemäßiger Produktion in der Landwirtschaft gesellschaftliche Prozesse vollziehen, die für die sozialistische Revolution und ihre Perspektiven von weitreichender Bedeutung sind. Es war Anliegen des Referates, einige sich hieraus ergebende Probleme und Aufgaben zu charakterisieren. Aus den hier dargestellten Entwicklungsproblemen leiten sich auch die Schwerpunkte für die wirtschaftswissenschaftliche Arbeit ab, auf die im Zusammenhang mit der Behandlung der konkreten Probleme bereits verwiesen wurde.

---

[18] Vgl. P. Klemyšev, Ėffektivnost' industrializacii sel'skogo chozjajstva, in: Voprosy ekonomiki, 2/1978, S. 58–68.

Zusammengefaßt sehen wir sie vor allem

– in der weiteren Erforschung grundlegender Zusammenhänge, Anforderungen und Kriterien der intensiv erweiterten Reproduktion in der Landwirtschaft und in der gesamten Nahrungsgütererzeugung. Das schließt die weitere Bearbeitung der energie- und stoffwirtschaftlichen Probleme, Fragen der effektiven Gestaltung der Fonds- und Materialwirtschaft, der engen Verbindung von Wissenschaft und Produktion u. a. in sich ein. Auf lange Sicht gewinnen hierbei – darauf wurde bereits verwiesen – die Probleme der engen Verflechtung von ökonomischen und biologischen Gesetzmäßigkeiten für die Intensivierung des volkswirtschaftlichen Reproduktionsprozesses grundsätzliche strategische Bedeutung;

– in der konzentrierten Bearbeitung der Verflechtungsprozesse der Nahrungsgüter- und Rohstoffproduktion, speziell in Gestalt des sich entwickelnden volkswirtschaftlichen Agrar-Industrie-Komplexes. Es geht um die Erarbeitung wissenschaftlicher Grundlagen für die effektive und rationelle Gestaltung von Produktionsketten. Notwendige Proportionen sind vorausschauender zu bestimmen, um entsprechende Struktureffekte zu ermöglichen. Das ist um so dringlicher, als aus dem Umfang und der Intensität der Verflechtungen objektiv folgt, daß hier kurzfristige Änderungen gar nicht mehr möglich bzw. mit erheblichen ökonomischen Einbußen verbunden sind. Zur weiteren wissenschaftlichen Fundierung dieser Verflechtungsbeziehungen gehört auch, Anforderungen und Möglichkeiten der sozialistischen ökonomischen Integration, insbesondere der engen Zusammenarbeit mit der Sowjetunion, zielgerichtet zu bearbeiten;

– in den vielfältigen Anforderungen an die wissenschaftliche Arbeit, die aus den sich intensivierenden Prozessen der Annäherung von Stadt und Land, von körperlicher und geistiger Arbeit erwachsen. Ihr komplexer Charakter zwingt von vornherein zu enger Zusammenarbeit zwischen den wirtschaftswissenschaftlichen und weiteren gesellschaftswissenschaftlichen Disziplinen, aber auch entsprechenden naturwissenschaftlichen und technischen Forschungsrichtungen. Hierzu gehören selbstverständlich auch soziologische Forschungen zur weiteren Entwicklung der Klasse der Genossenschaftsbauern, ihrer Annäherung an die Arbeiterklasse, die Probleme der weiteren Gestaltung der sozialistischen Lebensweise auf dem Lande.

Noch konzentrierter an diesen Aufgaben zu wirken ist Inhalt unserer Arbeit. Sie noch praxiswirksamer, konstruktiver und vorausschauender zu gestalten, darin besteht unser Beitrag zur Verwirklichung der Politik der Partei bei der weiteren Entwicklung der sozialistischen Landwirtschaft.

2. Diskussion

B. Lietz

Zu einigen Problemen der Agrar-Industrie-Integration unter Berücksichtigung der Zusammenarbeit mit den Mitgliedsländern des RGW

Im Parteiprogramm der SED wird festgestellt, daß es notwendig ist, die Herausbildung des volkswirtschaftlichen Agrar-Industrie-Komplexes (AIK) im Interesse des ganzen Volkes immer besser zu leiten und zu planen. Wir haben mit der Verwirklichung dieses Auftrages unserer Partei in der Staatlichen Plankommission begonnen, weil es nach unserer Meinung vor allem darauf ankommt, im Maßstab der gesamten Volkswirtschaft unserer Republik die vielfältigen Verflechtungen und Beziehungen des Agrar-Industrie-Komplexes immer besser zu erkennen und zu beherrschen, um dadurch Nahrungsgüter und landwirtschaftliche Rohstoffe effektiver zu produzieren.

Diese Verflechtungsbeziehungen zwischen Landwirtschaft und Industrie sowie die gegenseitige arbeitsteilige Abhängigkeit haben sich so weit ausgeprägt, daß objektiv wesentliche Bedingungen und Voraussetzungen für die schrittweise Entwicklung einer komplexen Planung der Nahrungsgüterproduktion aus volkswirtschaftlicher Sicht heranreifen.

Es geht darum, durch eine proportionale Entwicklung des volkswirtschaftlichen AIK und seiner Bereiche auch bessere Bedingungen für die Entwicklung der LPG der Pflanzen- und Tierproduktion, der volkseigenen Güter, aller Bereiche der Verarbeitungsindustrie sowie aller anderen Wirtschaftsbereiche zu schaffen, die an der Produktion von Nahrungsgütern beteiligt sind. Damit schaffen wir gleichzeitig auch bessere Bedingungen für die Intensivierung und Rationalisierung, die schrittweise industriemäßige Umgestaltung der landwirtschaftlichen Produktion, die Annäherung der Arbeits- und Lebensbedingungen des Landes an die der Stadt und vor allem für die Erzeugung von Nahrungsgütern und Rohstoffen mit immer höherer Effektivität.

Es zeigt sich, daß es notwendig ist, mit Hilfe der Gesellschaftswissenschaftler, besonders der Wirtschaftswissenschaftler, eine Reihe von Fragen und Problemen zu beantworten. Einige solcher Fragen will ich hier nennen.

In vielen in- und ausländischen Forschungsarbeiten, die sich mit dem volkswirtschaftlichen AIK befassen, tauchen neben einheitlichen Auffassungen auch unterschiedliche Aussagen zum Inhalt des AIK, seiner Struktur, seiner Begrenzung und seiner sozialökonomischen Funktion auf. Dabei gibt es unwesentliche Unterschiede, über die man hinwegsehen kann, jedoch auch wesentliche Unterschiede, die erfordern, durch weitere Forschungsarbeiten wissenschaftlich gesicherte Grundlagen für die Planung zu schaffen. Daher sollte an diesen Fragen auch in internationaler Gemeinschaftsarbeit, vor allen Dingen mit der UdSSR, weiter geforscht werden, um für die Belange der Planung wissenschaftlich fundierte Ausgangspunkte zu schaffen. In der UdSSR leistet die Wirtschaftswissenschaft, insbesondere der Bereich der Akademie der Wissenschaften, hier eine sehr beachtliche Arbeit.

Für die Planung ist ein wesentlicher Ausgangspunkt, daß durch Forschungsarbeiten wissenschaftlich begründete Vorschläge und Orientierungen für

- die Entwicklung des Pro-Kopf-Verbrauchs bei wichtigen Nahrungs- und Genußmitteln,
- die Entwicklung der Qualität und neuer Erzeugnisse mit ständig steigendem Gebrauchswert,
- die schrittweise Durchsetzung einer gesunden leistungsfördernden Ernährung,
- die notwendigen Veränderungen bzw. Weiterentwicklung der Ausgangsrohstoffe und der technologischen Verfahrensführung
- sowie zu Fragen der ökonomischen Stimulierung

entstehen.

Solche, auf die Bedürfnis- und Bedarfsentwicklung einwirkenden Faktoren und Bedingungen, wie z. B. die Entwicklung der Bevölkerungsstruktur, die Einkommensentwicklung und überhaupt die sich vollziehenden Veränderungen der Arbeits- und Lebensbedingungen sollten tiefer wissenschaftlich untersucht werden und sich in Vorschlägen als Ausgangspunkte für die Planung widerspiegeln.

Es wird sehr oft die Frage gestellt, wie bei der Gestaltung des volkswirtschaftlichen Agrar-Industrie-Komplexes wichtige Seiten der gesellschaftlichen Entwicklung stärker in die komplexe Planung einbezogen werden können. Bisher werden solche Forschungsarbeiten nur auf dem Gebiet der betrieblichen Planung bzw. der territorialen Planung durchgeführt. Es geht aber um solche Fragen, wie z. B. die Planung der materiell-technischen Voraussetzungen für die weitere Intensivierung der Landwirtschaft in ihrer Verbindung mit dem schrittweisen Übergang zu industriemäßigen Produktionsmethoden, die Veränderungen der Lebensbedingungen und Lebensweise der Werktätigen der Landwirtschaft und die entsprechende planmäßige Gestaltung der Infrastruktur auf dem Lande.

Von entscheidender Bedeutung ist unserer Auffassung nach die Vertiefung der Forschung zur Untersuchung von Gesetzmäßigkeiten der proportionalen Entwicklung des AIK als Bestandteil der materiell-technischen Basis unserer Volkswirtschaft. Dabei wird es vor allem darum gehen, solche Proportionen zu untersuchen, die seine Stellung in der Volkswirtschaft bestimmen, aber auch tiefer solche Beziehungen zu durchdringen, die zwischen den miteinander verflochtenen Bereichen, d. h. den Zweigen und Sphären des AIK, bestehen. Schließlich gehört vor allem auch dazu, Proportionen zwischen materiellen Fonds, dem Arbeitsvermögen und den Leistungen, d. h. im wesentlichen Effektivitätsproportionen, in den Mittelpunkt der Forschungsarbeiten zu stellen. Von besonderer Bedeutung für die Analyse und Planung der Proportionen eines solchen großen volkswirtschaftlichen Komplexes ist die Nutzung der Verflechtungsbilanz. Unter der Voraussetzung, daß die Daten der Verflechtungsbilanz mit den Daten der Planung und Statistik übereinstimmen und daß die Arbeit mit Normen organisiert wird, gibt die Verflechtungsbilanz die Möglichkeit, eine ganze Reihe von Hauptproportionen zu bestimmen und – wenn Bilanzen für mehrere Jahre vorliegen – auch die Entwicklungstendenzen der Proportionen zu erkennen.

Auf diesem Gebiet sollte an die begonnenen Arbeiten sowohl in der Staatlichen Plankommission und ihrem Ökonomischen Forschungsinstitut als auch an die Arbeiten im Institut für Ökonomik der Landwirtschaft und Nahrungsgüterwirtschaft sowie im Bereich Wirtschaftswissenschaften der Akademie der Wissenschaften angeknüpft werden, und diese Arbeiten müßten systematisch und zielgerichtet weitergeführt werden.

Zweifellos wird es noch weitere Schwerpunkte der Forschung geben. Es sollten hier von mir nur einige genannt werden, die zur Vervollkommnung der Planung insgesamt und der Planung der sozialistischen ökonomischen Integration im besonderen wirken.

Die Notwendigkeit der engen wissenschaftlichen Zusammenarbeit besonders auf diesem Gebiet sei mir gestattet, am Beispiel des langfristigen Zielprogramms der Landwirtschaft zu untermauern.

Dabei verstehe ich unsere heutige gemeinsame Tagung so, daß es nicht nur um eine Information der Räte geht, die nicht unmittelbar mit unserem Gegenstand verbunden sind. Sondern es geht vorrangig darum, die Möglichkeiten in der Forschung der verschiedenen wissenschaftlichen Räte auszuschöpfen und – soweit das möglich ist – konsequenter als bisher auf die Lösung der uns verbindenden Probleme und Aufgaben auszurichten und konstruktive wissenschaftliche Ergebnisse zu erreichen. Wenn uns das gelingt, haben wir einen guten Beitrag zur Lösung der von unserer Partei gestellten Hauptaufgabe, der Einheit von Wirtschafts- und Sozialpolitik, geleistet.

Im Referat wurde zu Recht davon ausgegangen, daß die wirksame Gestaltung der Prozesse der Intensivierung und Industrialisierung der Landwirtschaft in ganz entscheidendem Maße von den industriellen Vorleistungen abhängig ist. Ja, sie sind bei dem bereits erreichten Entwicklungsstand eine grundlegende Voraussetzung für eine volkswirtschaftlich effektivere Nahrungsmittelproduktion. Der Prozeß der Agrar-Industrie-Integration ist und wird immer mehr ein objektives Erfordernis unserer gesamtgesellschaftlichen Entwicklung.

Aus der praktischen Arbeit und der Literatur wissen wir, daß alle sozialistischen Länder sehr intensiv an der planmäßigen Beherrschung dieser Probleme arbeiten. Doch dieser Prozeß der gegenseitigen Verflechtung von Industrie und Landwirtschaft erstreckt sich nicht nur auf die einzelnen nationalen Volkswirtschaften. Das sich in zunehmendem Maße entwickelnde Neue sehen wir darin, daß sich die Verflechtungsbeziehungen zwischen Industrie und Landwirtschaft auch auf internationaler Ebene entfalten. Die zur Nahrungsmittelproduktion gehörenden Zweige sind fest am Prozeß der internationalen Arbeitsteilung, Spezialisierung und Kooperation beteiligt. Das heißt, nicht nur Nahrungsmittel, sondern auch landwirtschaftliche und industrielle Produktionsmittel sind in den internationalen Austausch mit einbezogen. Sie werden immer mehr ein Ergebnis der internationalen Arbeitsteilung und Kooperation.

Man kann also sagen: Infolge des Zusammenfallens der Herausbildung und Vertiefung der Agrar-Industrie-Integration mit der Internationalisierung des Wirtschaftslebens auf sozialistischer Grundlage geht der Prozeß der Verflechtung von Industrie und Landwirtschaft über den nationalen Rahmen hinaus und nimmt unter den Bedingungen der sozialistischen ökonomischen Integration internationalen Charakter an.

In der gegenwärtigen Etappe hat dieser Prozeß in unterschiedlich ausgeprägtem Maße alle Zweige der Agrar-Industrie-Komplexe in Mitgliedsländern des RGW erfaßt. Er erstreckt sich auf verschiedene Richtungen der Wissenschaft, der landwirtschaftlichen und damit verbundenen industriellen Produktion. Besonders augenfällig hat sich dieser Prozeß der internationalen sozialistischen Agrar-Industrie-Integration in der Sphäre I des volkswirtschaftlichen AIK entwickelt. Hier sind bereits – neben den Außenhandelsbeziehungen – direkte und stabile Produktionsverbindungen durch gemeinsame Arbeit bei Konstruktion, Erprobung und Produktion von Landmaschinen, Traktoren, Meliorationstechnik, von Ausrüstungen für die Viehwirtschaft und anderen Produktionsausrüstungen entstanden.

Von nicht geringer Bedeutung für die weitere Entwicklung dieser Prozesse zur Intensivierung und Industrialisierung der Landwirtschaft und zur weiteren Herausbildung des volkswirtschaftlichen Agrar-Industrie-Komplexes sind die im Juni 1978 von der 32. Tagung des RGW beschlossenen langfristigen Zielprogramme.

Wie sind diese Zielprogramme in den Mechanismus der internationalen Zusammenarbeit einzuordnen? Worin besteht die neue Qualität in der Zusammenarbeit?

Mit den Zielprogrammen ist es gelungen, eine langfristige, bis zum Jahre 1990 und teilweise darüber hinausgehende abgestimmte langfristige Gesamtstrategie der ökonomischen Zusammenarbeit der Mitgliedsländer des RGW bei der Lösung einer Reihe lebenswichtiger ökonomischer Schlüsselprobleme auf den Gebieten der materiellen Produktion auszuarbeiten. Mit diesen Zielprogrammen wurde eine Form der Zusammenarbeit auf dem Gebiet der Planung und Leitung bei verstärktem Zusammenwirken der zentralen Planungsorgane der RGW-Länder entwickelt, die gute Grundlagen für die Plankoordinierung sowohl für den Zeitraum 1981–1985 als auch 1986–1990 schaffen.

Damit wurde insbesondere für den bevorstehenden Fünfjahrplanzeitraum früher als in den vergangenen Fünfjahrplanperioden eine Reihe konzeptioneller Fragen und prinzipieller Möglichkeiten der Entwicklung der mehrseitigen und bilateralen Zusammenarbeit geklärt bzw. in der Klärung vorangebracht.

Kennzeichnend für das Herangehen bei der Arbeit der zentralen Planungsorgane war, daß von folgenden Grundprinzipien ausgegangen wurde:

1. Die Zielprogramme wurden bzw. werden für bestimmte ausgewählte Schlüsselprobleme der Zusammenarbeit in der Sphäre der materiellen Produktion für die langfristige Perspektive ausgearbeitet. Die Programme beinhalten einen Komplex von gegenseitig verbundenen Maßnahmen der Zusammenarbeit für die Lösung großer konkreter Probleme, das heißt für die Lösung der Probleme in der Roh- und Brennstoffwirtschaft, in der Land- und Nahrungsgüterwirtschaft und auf dem Gebiet des Maschinenbaus.
2. Es ist von der allseitigen Berücksichtigung der realen Möglichkeiten und Interessen aller teilnehmenden Seiten ausgegangen worden. Ziel war und ist es, den ökonomisch begründeten Bedarf der einzelnen Länder zu decken.
3. Die Zielprogramme gewährleisten die etappenweise, nach Fünfjahrplanperioden unterteilte, planmäßige Realisierung der in den Programmen gestellten Ziele und Hauptrichtungen und tragen somit zur Stärkung der Planungsgrundlagen der mehrseitigen Zusammenarbeit bei.

Damit wurde von vornherein durch das RGW-Planungskomitee der Ausarbeitung von Wunschprogrammen oder Forderungsprogrammen vorgebeugt und auf die Ausarbeitung realer und realisierbarer Programme, die mit den volkswirtschaftlichen Möglichkeiten der einzelnen Länder übereinstimmen, orientiert.

Angesichts der komplizierter werdenden Bedingungen in den Beziehungen zu den kapitalistischen Ländern und ihren Wirtschaftsgruppierungen ist diese neue Form und höhere Qualität der Zusammenarbeit – also die gemeinsame Konzentration der Anstrengungen auf volkswirtschaftliche Hauptprobleme – von allen Vertretern auf der 32. Ratstagung gewürdigt und betont worden.

Bei der Diskussion zu einigen inhaltlichen Problemen des langfristigen Zielprogramms auf dem Gebiet der Land- und Nahrungsgüterwirtschaft betonten viele Delegationen auf der 32. Ratstagung, ausgehend von den realen ökonomischen Erfordernissen ihrer

Länder, zu Recht, daß diesem langfristigen Zielprogramm keine geringere Rolle zukommt als dem Rohstoff- und Energieprogramm.

Das Hauptziel des langfristigen Zielprogramms ist es, maximal zur Lösung der Aufgabe der Deckung des rationellen Bedarfs der Bevölkerung der Mitgliedsländer des RGW an Grundnahrungsmitteln und den wichtigsten Nahrungs- und Genußmitteln sowie zur Schaffung der notwendigen Reserven beizutragen.

Im langfristigen Entwicklungsprogramm wird davon ausgegangen, daß eine stabile Versorgung mit Grundnahrungsmitteln in der erforderlichen Bedarfsstruktur von jedem Mitgliedsland des RGW weitgehend aus der eigenen Produktion erreicht wird. Das heißt, daß jedes Land seine natürlichen klimatischen und ökonomischen Bedingungen maximal nutzt und zum Beispiel den Bedarf an Getreide und Produkten aus der Tierproduktion möglichst vollständig aus der eigenen landwirtschaftlichen Produktion deckt. Die Wege hierzu sind durch Intensivierung der landwirtschaftlichen Produktion in jedem Land und unter Nutzung der Erweiterung und Vertiefung der ökonomischen und wissenschaftlich-technischen Zusammenarbeit, ausgehend von den Prinzipien des gegenseitigen Vorteils, vorgezeichnet.

Als wichtigste Richtungen der Zusammenarbeit der Mitgliedsländer des RGW zur Deckung des Bedarfs an Grundnahrungsmitteln wurden im Zielprogramm formuliert:

1. Förderung der Erhöhung der Produktion von Fleisch, hauptsächlich auf einheimischer Futterbasis, von Fisch, Pflanzenölen und von Getreide in jedem Mitgliedsland des RGW.
2. Entwicklung der Produktion und der Exportlieferungen von Zucker, Obst, Gemüse, Kartoffeln, Baumwolle in den Ländern, die über günstige klimatische Bedingungen dafür verfügen.
3. Züchtung perspektivischer Sorten und Hybriden landwirtschaftlicher Kulturen.
4. Entwicklung und Einführung progressiver Technologien für die Ernte und Verarbeitung von Erzeugnissen der Landwirtschaft.
5. Gemeinsame Nutzung der besten Linien der Grundrassen von landwirtschaftlichen Nutztieren und Züchtung neuer Linien und Rassen, die der industriemäßigen Tierhaltung entsprechen.
6. Intensivierung und Erweiterung aller Formen der ökonomischen und wissenschaftlich-technischen Zusammenarbeit, Spezialisierung und Kooperation der Produktion.

Die Grundorientierung des langfristigen Zielprogrammes ist also auf die weitere Intensivierung der Pflanzen- und Tierproduktion, die Festigung der materiell-technischen Basis der Landwirtschaft und Nahrungsgüterwirtschaft zur Erhöhung der Eigenproduktion an Grundnahrungsmitteln gerichtet.

Positiv kann eingeschätzt werden, daß entsprechend dem eingangs genannten Grundprinzip der komplexen Ausarbeitung der Zielprogramme im Rohstoff- und Maschinenbauprogramm Maßnahmen zur Entwicklung der Landwirtschaft und Nahrungsgüterwirtschaft enthalten sind. Diese wurden in einem gesonderten Abschnitt gleichfalls in das Zielprogramm der Landwirtschaft und Nahrungsgüterwirtschaft aufgenommen.

Als wichtigste Maßnahme auf dem Gebiet des Maschinenbaus sind zum Beispiel vorgesehen die Spezialisierung und Kooperation zur vorrangigen Unterstützung und beschleunigten Entwicklung der Produktion

- von Traktoren mit einer Leistung von 150 PS und darüber mit dem entsprechenden Landmaschinensatz,
- von hochleistungsfähigen selbstfahrenden Vollerntemaschinen,

- eines Komplexes von Maschinen und Ausrüstungssystemen für Tierproduktionsanlagen, des weiteren
- technologischer Ausrüstungen für die Obst- und Gemüseverarbeitung,
- automatisierter und hochleistungsfähiger Abfüll-Linien,
- von Verpackungsmaschinen und Ausrüstungen für Kühlketten, des weiteren
- technologischer Linien für die Fleisch- und Milchindustrie, ebenso der Ausrüstungskomplexe für Zuckerfabriken und für die Öl- und Fettgewinnungsbetriebe.

Auf dem Gebiet der chemischen Industrie ist die Zusammenarbeit bei der Deckung des Bedarfs an Phosphordüngemitteln, an chemischen Pflanzenschutzmitteln sowie die wissenschaftlich-technische Zusammenarbeit zur Entwicklung neuer und Vervollkommnung vorhandener Technologien der Produktion chemischer und biochemischer Futterzusätze sowie die Schaffung neuer Arten von hochkonzentrierten Komplex- und Mehrnährstoffdüngemitteln vorgesehen. Diese Maßnahmen werden zum Beispiel durch die entsprechenden Organe des Maschinenbaus und der Chemie unter Hinzuziehung der Spezialisten der Landwirtschaft und Nahrungsgüterwirtschaft ausgearbeitet.

Dieses komplexe Herangehen ist – wie wir meinen – auch für die weitere Entwicklung der internationalen Agrar-Industrie-Integration der RGW-Länder entscheidend und gut geeignet, die Hauptprobleme zur Deckung des Bedarfs an Grundnahrungsmitteln in den RGW-Ländern komplex aus der Sicht der Anforderungen der internationalen sozialistischen Agrar-Industrie-Integration zu lösen.

Damit ist eine neue Etappe in der gemeinsamen Planungstätigkeit eingeleitet worden. Sie war erforderlich, da die zu lösenden Probleme hinsichtlich ihrer Komplexität und ihrer Verflechtungsbeziehungen auch neue Dimensionen in der Zusammenarbeit fordern.

Unsere Aufgabe im Rat für gesellschaftliche und ökonomische Fragen des volkswirtschaftlichen Agrar-Industrie-Komplexes wird es sein, alle diese Fragen und Probleme gut zu verfolgen und weiter zu untersuchen, aber auch durch eigene wissenschaftliche Arbeit wirksam zur Lösung beizutragen. Vor allem muß es darum gehen, die Forschung noch praxiswirksamer, konstruktiver und wissenschaftlich fundierter zu gestalten.

Analyse und wissenschaftlich begründete Vorausschau in richtigen Proportionen zueinander ist das, was von seiten der wirtschaftswissenschaftlichen Forschung in noch stärkerem Maße beachtet werden sollte.

Dabei erfordern die Prozesse der Agrar-Industrie-Integration in unserem Land ebenso wie die Anforderungen und Ausschöpfung der Möglichkeiten der sozialistischen ökonomischen Integration von vornherein die enge Zusammenarbeit zwischen den einzelnen Räten und Disziplinen.

K.-H. Säurich

Zu einigen Fragen der Leitung und Planung des wissenschaftlich-technischen Fortschritts

Für die heutige Tagung ist in den Diskussionsschwerpunkten auf die Beschleunigung des wissenschaftlich-technischen Fortschritts als entscheidender Faktor für die weitere Leistungssteigerung der sozialistischen Landwirtschaftsbetriebe hingewiesen worden.

Dabei sind die Anforderungen an seine Leitung und Planung hervorgehoben.

Ich möchte über unsere Erfahrungen bei der Durchsetzung des wissenschaftlich-technischen Fortschritts in der Agrar-Industrie-Vereinigung Pflanzenproduktion Kröpelin berichten. Mit besonderer Aufmerksamkeit haben wir die Rede des Generalsekretärs des ZK der KPdSU, Genossen Breshnew, in Baku verfolgt, in der er zur Meisterung der gegenwärtigen landwirtschaftlichen Aufgaben den richtigen Einsatz der Kräfte, die geschickte Nutzung der Technik sowie der anderen Ressourcen, verbunden mit fortschrittlichen Formen der Arbeitsorganisation in breitem Maße als hauptsächlich charakterisierte.[1] Diese Orientierung gilt auch für unsere Arbeit.

An der Entwicklung der Getreideproduktion in unserer Agrar-Industrie-Vereinigung möchte ich nachweisen, welche Bedeutung die Durchsetzung des wissenschaftlich-technischen Fortschritts *im Komplex und für alle verbindlich* auf Ertragssteigerung, Qualität und Effektivität hat. Ohne Komplexität und höchste Verbindlichkeit gibt es nach unserer Auffassung keine umfassende Anwendung des wissenschaftlich-technischen Fortschritts. Unsere Erfahrungen bestätigen vollauf, was Genosse Erich Honecker auf der 8. Tagung des ZK der SED ausführte: „Die landwirtschaftlichen Betriebe mit hohen Erträgen beweisen, welch bedeutenden Rang die agrochemische Disziplin, die ständige Sorge für die Hebung der Bodenfruchtbarkeit einnehmen. Es kann nicht hoch genug eingeschätzt werden, was zu schaffen ist, wenn die inneren Reserven energisch ausgeschöpft werden.“[2]

Das Beispiel der Entwicklung der Getreideproduktion wurde hier deshalb zur Darstellung von Aspekten der beschleunigten Durchsetzung des wissenschaftlich-technischen Fortschritts und der damit verbundenen Anforderungen an die Leitung und Planung gewählt, weil die Erzeugung von Getreide im überwiegenden Teil der Pflanzenproduktionsbetriebe der DDR eine Hauptproduktionsrichtung ist. Vor allen Betrieben steht deshalb die Aufgabe, der Forderung des IX. Parteitages der SED gerecht zu werden, hohe und stabile Getreideerträge zu erreichen und die Qualität des Nahrungs- und Futtergetreides stark zu verbessern.

Vor kurzem befaßten wir uns deshalb im Rat für den wissenschaftlich-technischen

---

[1] Vgl. UdSSR erstrebt Frieden und Sicherheit für alle Völker, Leonid Breshnew auf der Festveranstaltung zur Überreichung des Lenin-Ordens an die Stadt Baku, in: Neues Deutschland vom 23./24. September 1978, S. 3.

[2] 8. Tagung des ZK der SED, Aus dem Bericht des Politbüros an das Zentralkomitee der SED, Berichterstatter: Genosse Erich Honecker, Berlin 1978, S. 34.

Fortschritt der Agrar-Industrie-Vereinigung mit der Produktion der Mähdruschfrüchte. Auf der Grundlage einer umfassenden Analyse wurden Schlußfolgerungen gezogen und Festlegungen für die Vervollkommnung hauptsächlich der Getreideproduktion getroffen.

Wir konnten feststellen, daß seit der Zeit, da begonnen wurde, mittels der wissenschaftlich-technischen Maßnahmen normativgerecht zu produzieren, sich auch die Getreideerträge stabilisiert haben.

Wie entwickelten sich die Hektarerträge auf den 14 500 ha Getreide unserer Agrar-Industrie-Vereinigung?

Vor der Zusammenarbeit in der Agrar-Industrie-Vereinigung erreichten die fünf Pflanzenproduktionsbetriebe von 1971 bis 1974 einen Hektarertrag bei Getreide von durchschnittlich 35,5 dt. Mit der in der Agrar-Industrie-Vereinigung einheitlich gestalteten Zusammenarbeit stieg der Getreideertrag von 36,8 dt im Jahre 1975 auf 39,8 dt im Jahre 1976, erreichte 42,2 dt 1977 und 1978 47,2 dt.

Die Hauptursache für die Ertragssteigerung ist die umfassende Durchsetzung wissenschaftlich-technischer Maßnahmen über die normativgerechte Produktion bei höchster Verbindlichkeit für die beteiligten fünf Pflanzenproduktionsbetriebe, das agrochemische Zentrum und die kooperativen Einrichtungen der Agrar-Industrie-Vereinigung, die gemeinsam an der Getreideproduktion arbeiten.

Darüber sind unsere Erfahrungen auch in der Fachliteratur veröffentlicht worden.

Bei uns erfolgt die Verallgemeinerung der Erkenntnisse über die Kooperationsakademie in den Weiterbildungsveranstaltungen für mittlere Kader und Mechanisatoren sowie arbeitsplatz- und technologiebezogen. Wir haben weiterhin eine enge Verbindung mit dem Institut für Getreideforschung Güstrow/Gülzow. Die Wissenschaftler dieses Instituts bestätigen der Agrar-Industrie-Vereinigung Kröpelin Mehrerträge durch die Anwendung des wissenschaftlich-technischen Fortschritts in Form der Anbaunormative gegenüber einer nicht normativgerechten Produktion. So konnten durch normativgerechte Produktion im Jahre 1977 bei Wintergerste ein Mehrertrag von 5,1 dt/ha, bei Winterroggen von 3,2 dt/ha und bei Winterweizen von 1,3 dt/ha erzielt werden. Neben der Ertragssteigerung konnte der Anteil von eiweißreichem Getreide um 5000 t Winterweizen erhöht sowie die Qualität des Nahrungs- und Futtergetreides verbessert werden. Der Aufwand je Dezitonne Getreide – und hier bestätigt sich eine alte Erfahrung – läßt sich bei steigender Produktion und verbesserten Qualitäten günstiger gestalten..

Die Effektivität in der Getreideproduktion, gemessen am Kostenaufwand, zeigt in den Betrieben der Agrar-Industrie-Vereinigung Kröpelin folgendes Bild (vgl. Tab. 1):

Tabelle 1
Entwicklung der Kosten für die Erzeugung einer Dezitonne Getreide in der Agrar-Industrie-Vereinigung Kröpelin

Jahr	Kosten (in M/dt)
Durchschnitt der Jahre 1971–74	34,36
1975	30,13
1976	31,51
1977	28,68
1978	25,80 (vorläufige Angabe)

Unser Hauptaugenmerk gilt folgenden, die Intensivierung der Getreideproduktion wesentlich bestimmenden Faktoren:

erstens einer exakten Ertragsanalyse, bei der die Ackerzahl, der Anteil von Getreide als Vorfrucht, der Aussaattermin, die durchschnittliche Stickstoffgabe, die zweite Stickstoffgabe und die Note für die Bodenbearbeitung berücksichtigt werden. Aus dieser Analyse lassen sich wesentliche allgemeine, spezifische und standortbedingte Schlußfolgerungen ableiten;

zweitens der Behandlung und Einordnung *aller* Getreidearten, auch des Roggens als Intensivkulturen. Wie mit einem solchen Herangehen Ertragsreserven ausgeschöpft werden können, zeigt sich darin, daß allein die bessere Nutzung des Ertragspotentials bei Winterroggen in der Agrar-Industrie-Vereinigung Kröpelin eine Ertragserhöhung von 3,85 dt/ha im Zeitraum von 1976 bis 1978 brachte;

drittens der normativgerechten Versorgung mit Makronährstoffen. 1978 konnten bei Phosphor 80 bis 90% und bei Kali 72 bis 79% der Normative für die Nährstoffversorgung realisiert werden. Noch vor zwei Jahren waren weniger als 50% der normativgerechten Versorgung erreicht. Das zeigt, daß in der optimalen Düngung des Getreides noch weitere Ertragsreserven liegen und auch eine Stickstoffüberdüngung eine Abweichung vom wissenschaftlich begründeten Normativ ist;

viertens der Nutzung aller Möglichkeiten des Sortenspektrums. Die schlagbezogenen Normative wurden 1978 in unserer Agrar-Industrie-Vereinigung bei Winterroggen zu 100%, bei Wintergerste zu 93% und bei Winterweizen nur zu 65% eingehalten. Eine genaue Einhaltung der Sortennormative ermöglicht in engem Zusammenhang mit der Berücksichtigung anderer Normative, zum Beispiel des Aussaattermins, eine weitere Ertragssteigerung. Dabei erweist sich vor allem die Sortenwahl für die sogenannten Grenzstandorte als besonders wichtig.

Schließlich widmen wir *fünftens* der exakten Humusbilanzierung für die Steigerung der Bodenfruchtbarkeit auf den Getreideanbauflächen besondere Aufmerksamkeit. Die Aufbereitung von 30 000 t Humus aus Strohresten, Gülle, Tabakstaub, Niedermoortorf und anderen Stoffen allein 1978 ermöglicht eine weitere Stabilisierung und Steigerung der Getreideerträge.

In engstem Zusammenhang mit den Maßnahmen zur normativgerechten Produktion steht die Fertigung von Rationalisierungsmitteln zur Durchsetzung der Fortschritte aus Wissenschaft und Technik. Wir orientieren uns dabei hauptsächlich auf das Schließen von Lücken in den derzeitigen Technologien. Auch hier erfolgen konkrete Vorgaben zur Fertigung und für den verbindlichen Einsatz der Rationalisierungsmittel. Damit konnten für die Getreideproduktion u. a. effektivere Methoden der handarbeitslosen Drillmaschinenbefüllung und Strohbergung angewandt werden. Bei den Aufgabenstellungen dominieren einfache, praktische Lösungen.

Zur Leitung und Planung des wissenschaftlich-technischen Fortschritts wird es immer zwingender, die einzelnen Leitungsebenen exakter einzubeziehen. Es läßt sich hier ebensowenig alles in Vorgaben und Normative fassen, wie der wissenschaftlich-technische Fortschritt nicht dem Ermessen des einzelnen überlassen bleiben kann. Die den Betrieben der Landwirtschaft seit Jahren übergebenen Planaufgaben „Maßnahmen des wissenschaftlich-technischen Fortschritts" haben inzwischen eine weite Verbreitung gefunden, sie sind zur normalen Praxis in der Produktion geworden. Deshalb wurden uns mit dem Planentwurf für 1979 neue Aufgaben zur Durchsetzung von Maßnahmen des wissenschaftlich-technischen Fortschritts gestellt und weitere sind angekündigt. Es ist unseres

Erachtens erforderlich, für die zentrale staatliche Leitung und Planung des wissenschaftlich-technischen Fortschritts ein auf die Planerfüllung gerichtetes, den örtlichen Bedingungen stärker angepaßtes und bewegliches System der Planung auf diesem Gebiet zu entwickeln. So übergibt zum Beispiel der Beirat der Agrar-Industrie-Vereinigung Kröpelin den Kollektiven der LPG, VEG und kooperativen Einrichtungen bereits einen betriebsspezifischen Planteil wissenschaftlich-technischer Fortschritt, der bis zu 42 Maßnahmen enthalten kann. Dieser Planteil regelt gleichzeitig die mit dem wissenschaftlich-technischen Fortschritt verbundenen Kooperationsbeziehungen und sichert die planmäßige Erfüllung volkswirtschaftlicher Aufgaben.

Auf der Ebene der LPG, VEG und deren kooperativen Einrichtungen scheint es am zweckmäßigsten, über Intensivierungskonzeptionen den wissenschaftlich-technischen Fortschritt langfristig und planmäßig in abrechenbaren Etappen durchzusetzen. An einer solchen Konzeption arbeiten wir gegenwärtig mit dem Ziel, im Jahre 1980 mehr als 50 dt Getreideeinheiten je Hektar zu produzieren, um mit einem hohen Ergebnis auf die Aufgabenstellung des Fünfjahrplanes 1981 bis 1985 vorbereitet zu sein.

Mit dem Rat für wissenschaftlich-technischen Fortschritt in der Agrar-Industrie-Vereinigung haben wir eine Form gefunden, die es gestattet, die Rang- und Reihenfolge der Durchsetzung der wissenschaftlich-technischen Maßnahmen umfassend zu beraten, festzulegen und zu realisieren. In diesem demokratisch arbeitenden Organ wirken gewählte, fachlich versierte Kader aus allen LPG, VEG und kooperativen Einrichtungen der Agrar-Industrie-Vereinigung mit. Neben den Praktikern haben Wissenschaftler im Rat Sitz und Stimme.

Die Arbeit des Rates für wissenschaftlich-technischen Fortschritt wird geplant und ist ein wesentlicher Faktor in der gesamten Leitungstätigkeit der Agrar-Industrie-Vereinigung. Ihrem Inhalt nach ist sie politisch-ideologischer Klärungsprozeß und bewußte, zielstrebige und verbindliche Durchsetzung des wissenschaftlich-technischen Fortschritts in seiner ganzen Komplexität.

Mit der weiteren Intensivierung der Produktion vor allem über den wissenschaftlich-technischen Fortschritt können wir gleichzeitig mehr für die Verbesserung der Arbeits- und Lebensbedingungen der Genossenschaftsbauern und Arbeiter unserer Agrar-Industrie-Vereinigung tun. So wurden zum Beispiel durch den kooperativen Wohnungsbau 60 Wohnungen in mehrgeschossigen Häusern übergeben, und für jedes Kind unserer Genossenschaftsbauern und Arbeiter konnte ein Platz in einem Ferienlager bereitgestellt werden.

Wie die erreichten Ergebnisse in unserer Agrar-Industrie-Vereinigung zeigen, zahlt sich die konsequente Anwendung des wissenschaftlich-technischen Fortschritts nicht nur bei der Steigerung der Produktion und ihrer Effektivität aus, sondern schafft die Voraussetzungen für die Lösung der sozialen Probleme im Interesse von Genossenschaftsbauern und Arbeitern.

E. Kreil

Einige Erfahrungen für die Leitung und Planung der komplexen sozialistischen Rationalisierung durch die Staats- und Wirtschaftsorgane im Territorium des Kreises

Die Genossenschaftsbauern und Arbeiter der Land- und Nahrungsgüterwirtschaft des Kreises Mühlhausen arbeiten mit viel Elan und hohem Verantwortungsbewußtsein daran, die anspruchsvollen Ziele, die uns der IX. Parteitag der SED auf diesem Gebiet gestellt hat, zu erfüllen und zu überbieten.

Dabei ist die Versorgung der Bevölkerung mit hochwertigen Nahrungsmitteln und der Industrie mit Rohstoffen die entscheidende Aufgabe.

Die Steigerung der Produktion und die Erhöhung ihrer Effektivität auf der Grundlage der weiteren Intensivierung schließt objektiv ein, die sozialistische Rationalisierung als komplexen ökonomischen und sozialistischen Prozeß zu beschleunigen.

In der „Wirtschaftswissenschaft", Heft 9/1978, wurden gemeinsam mit Prof. Kaulitzki einige Erkenntnisse und Erfahrungen zu dieser Problematik aus dem Kreis Mühlhausen vermittelt.

Die sozialistische Rationalisierung als direktes Erfordernis der Intensivierung der Produktion erlangt unter den Bedingungen der intensiv erweiterten Reproduktion, auch in der sozialistischen Landwirtschaft, ausschlaggebende Bedeutung für die umfassende Durchsetzung des wissenschaftlich-technischen Fortschrittes.

Bei der Rationalisierung stehen wissenschaftlich-technischer Fortschritt, zielgerichteter Einsatz der Investitionen und die Verbesserung der Arbeits- und Lebensbedingungen in unlösbarem Zusammenhang.

Die Rationalisierung in der Tierproduktion zielt darauf ab, neueste Erkenntnisse aus Wissenschaft und Technik auf schnellstem Wege in der Produktion anzuwenden, das Verhältnis von Aufwand und Ergebnis immer günstiger zu gestalten und die Arbeits- und Lebensbedingungen wesentlich zu verbessern.

Die für die intensiv erweiterte Reproduktion typische Art und Weise, die Arbeitsproduktivität und Effektivität zu steigern, ist in bedeutendem Maße durch die sozialistische Rationalisierung, vor allem über die Modernisierung der vorhandenen Grundmittel, zu sichern. Die Rationalisierung der rekonstruktionswürdigen Ställe ist mit einer Reihe von Vorteilen verbunden, wie

- wirksamere Anwendung des wissenschaftlich-technischen Fortschritts,
- Erhöhung der Arbeitsproduktivität durch moderne technische Ausrüstungen und Technologien,
- schrittweise Erhöhung der Tierkonzentration und eine gezielte Spezialisierung zwischen den Betrieben,
- Verbesserung der Arbeits- und Lebensbedingungen,
- effektive Weiternutzung der vorhandenen Bauhüllen,

— geringer Investitionsaufwand im Vergleich zu Neubauten,
— Erhöhung des Anteils der Schichtarbeit und Gewährung arbeitsfreier Tage.

Bei der sozialistischen Rationalisierung von landwirtschaftlichen Produktionsanlagen spielen die territorialen Aspekte eine besondere Rolle.

Die landwirtschaftliche Produktion vollzieht sich im Territorium und ist an räumliche Bedingungen gebunden. Somit ist auch die Rekonstruktion von Stallanlagen eng mit der territorialen Rationalisierung zu verbinden.

Die Modernisierung der Ställe und die Veränderung der Produktionsbedingungen übt einen Einfluß auf die kommunalen und sozialen Einrichtungen aus, weil vielfach damit Folgemaßnahmen im Territorium verbunden sind. Bei der territorialen Rationalisierung arbeiten die örtlichen Volksvertretungen und ihre Räte eng mit den Betrieben und Einrichtungen zusammen, um alle betrieblichen und territorialen Reserven so effektiv wie möglich planmäßig zu nutzen.

Ausgehend von den Erfahrungen in unserem Kreis, richtet sich die territoriale Rationalisierung auf folgende Schwerpunkte:

— rationelle Nutzung der im Territorium vorhandenen Grundfonds und gemeinsame Schaffung der dazu erforderlichen Bedingungen,
— zielstrebige Gestaltung der sozialistischen Gemeinschaftsarbeit und gegenseitige sozialistische Hilfe bei der Vorbereitung und Durchführung von Rationalisierungsmaßnahmen,
— koordinierte Verwendung von Investitionen zur Realisierung der geplanten Rationalisierungsobjekte und rationeller Einsatz der dazu erforderlichen Kräfte und Fonds,
— zielgerichtete Verbesserung der Arbeits- und Lebensbedingungen im Zusammenwirken der örtlichen Staatsorgane, Betriebe und gesellschaftlichen Organisationen.

Die Hauptsache bei der territorialen Rationalisierung ist die politisch-ideologische Klarheit über die gemeinsame Verantwortung der örtlichen Staatsorgane, der Betriebe und Einrichtungen für die Lösung gesamtgesellschaftlicher Aufgaben.

Die Konzeption zur territorialen Rationalisierung umfaßt für die gesamten Kreise fünf Maßnahmekomplexe. Diese Komplexe weisen für jede einzelne Maßnahme die Begründung, den volkswirtschaftlichen Nutzen, den Rationalisierungszeitraum und die konkrete Verantwortlichkeit aus.

Die einzelnen Maßnahmen betreffen die Betriebe der jeweiligen Zweige und Einrichtungen der gesellschaftlichen Bereiche im Territorium des Kreises. Vor allem im Maßnahmeplan der effektiven Nutzung vorhandener Flächen, Gebäude und Grundfonds in der Konzeption der territorialen Rationalisierung sind die Maßnahmen der Tierproduktion eingeordnet.

Die einzelnen Maßnahmen sind konkret formulierte, materiell abgesicherte, kontrollier- und abrechenbare Aufgaben.

Die Vorbereitung der Rationalisierung erfordert ein komplexes Herangehen. In alle Vorhaben der sozialistischen Rationalisierung sind die Genossenschaftsbauern und Arbeiter umfassend mit einzubeziehen.

Bewährt hat sich im Kreis Mühlhausen der Koordinierungsrat als Arbeitsorgan des Rates des Kreises, der auf der Grundlage einer Koordinierungsvereinbarung und nach einem Arbeitsprogramm tätig ist.

Im Koordinierungsrat arbeiten die Vorsitzenden der LPG Tierproduktion, der Direktor des VEG, der Betriebsdirektor des Landtechnischen Anlagenbaues (LTA), die Leiter der Zwischengenossenschaftlichen Bauorganisationen (ZBO) und Leitungskader aus den Verarbeitungsbetrieben und wirtschaftsleitenden Organen zusammen. Leiter des Koordinierungsrates ist der Stellvertreter des Vorsitzenden des Rates des Kreises für Land- und Nahrungsgüterwirtschaft. In seiner Tätigkeit stützt sich der Koordinierungsrat auf die Arbeitsgruppe Intensivierung und Rationalisierung der Tierproduktion.

Der Koordinierungsrat mit seiner Arbeitsgruppe hat folgende Aufgaben zu lösen:

- Begutachtung der vorgesehenen Rekonstruktionsmaßnahmen,
- Festlegung der Rang- und Reihenfolge der Vorhaben,
- Erarbeitung von Analysen hinsichtlich des Aufwand–Nutzen-Verhältnisses der vorgesehenen Maßnahmen,
- Koordinierung der Aufgaben zur Rekonstruktion der Anlagen der Tierproduktion, der Lagerkapazitäten und sozialen Einrichtungen; Klärung der Realisierbarkeit hinsichtlich der Effektivitätssteigerung und materielle Absicherung sowohl bauseitig als auch ausrüstungsseitig bis zur Phase des Abschlusses von Verträgen zwischen den Betrieben der Tierproduktion und den ausführenden Betrieben,
- Einflußnahme auf die zeitweilige Delegierung von Arbeitskräften der Landwirtschaftsbetriebe und dem landtechnischen Anlagenbau,
- Aktivierung der Tätigkeit der örtlichen Räte zur wirksamen Unterstützung bei der Realisierung der Rekonstruktionsmaßnahmen in ihrem Territorium im Rahmen des „Mach mit-Wettbewerbes“.

Wesentliche Voraussetzungen zur komplexen Vorbereitung von Rationalisierungsinvestitionen in der Tierproduktion sind nach unseren Erfahrungen: das komplexe Herangehen aus gesamtgesellschaftlicher Sicht, das enge Zusammenwirken der Betriebe, örtlichen Volksvertretungen und gesellschaftlichen Kräfte im Territorium unter Führung der Partei, die Sicherung der aktiven Mitwirkung der Genossenschaftsbauern und Arbeiter und die Entfaltung ihrer schöpferischen Initiative, die konkrete Festlegung der Aufgaben und Verantwortlichkeit und schließlich die gründliche konzeptionelle und analytische Tätigkeit.

Die Materialbeschaffung wird neben der Inanspruchnahme planmäßiger Materialfonds auch auf der Basis der Eigeninitiative vorgenommen, indem örtliche Reserven genutzt werden. Dazu gehört auch die zeitweilige Delegierung von Arbeitskräften zum Betonwerk u. a. Auch die ZBO und der LTA unterstützen die LPG bei der Materialbeschaffung.

Die Durchführung der Rationalisierungsvorhaben erfolgt auf der Grundlage des Planes und ist straff zu leiten. Kennzeichnend für die Rationalisierung ist die Realisierung der Maßnahmen mit den vorhandenen Kräften und Mitteln auf kooperativer Basis. Unter Führung der Partei ist eine breite sozialistische Gemeinschaftsarbeit zu organisieren.

Die Zusammenarbeit zwischen den Betrieben und örtlichen Volksvertretungen erfolgt auf der Basis des Planes, getroffener Vereinbarungen und der Kreistagsbeschlüsse. Mit Unterstützung der ZBO, des LTA, der im Ort ansässigen Handwerker und Handwerksbetriebe, der Feierabendbrigaden und der Industriebetriebe des Territoriums führen die Genossenschaftsbauern die Realisierung der geplanten Vorhaben durch. Die Industriebetriebe im Territorium unterstützen dabei entsprechend ihrer Struktur und Möglichkeiten diese Maßnahmen.

Bewährt hat sich, daß die Durchführung von Rationalisierungsvorhaben ständig kontrolliert wird. Berichterstattung und Auswertungen erfolgen im Koordinierungsrat, vor der Ständigen Kommission Land- und Nahrungsgüterwirtschaft und vor dem Kreistag.

Im Ergebnis wurden 1977 8534 Tierplätze mit einem finanziellen Aufwand von 6,1 Mio Mark rekonstruiert bzw. neu geschaffen.

1978 werden es 10 940 sein; dafür werden für 7,7 Mio Mark Leistungen durch unsere Kollektive erbracht.

Im Rahmen der Wettbewerbsinitiative der Nationalen Front der DDR „Schöner unsere Städte und Gemeinden – mach mit!" haben 787 Bürger unseres Kreises bei der Rationalisierung von Anlagen der Tierproduktion mitgewirkt. Dabei wurden 34 500 Stunden geleistet und ein Wert von insgesamt 1 180 TM geschaffen.

Durch die Rationalisierung von 54 Ställen und Anlagen der Tierproduktion wurden die Produktion erhöht und die Arbeits- und Lebensbedingungen für 284 Genossenschaftsbauern und Arbeiter verbessert.

Mit der Rationalisierung leisten unsere Genossenschaftsbauern und Arbeiter in der sozialistischen Landwirtschaft einen echten Beitrag zur Verwirklichung der Einheit von Wirtschafts- und Sozialpolitik in der DDR.

Aus den bisher gesammelten Erfahrungen ergeben sich für unsere weitere Arbeit nachstehende Schlußfolgerungen:

- Die hohe Wertschätzung, die unserem Kreis entgegengebracht wird, verpflichtet alle Genossenschaftsbäuerinnen und -bauern, Landarbeiter, Werktätige der Nahrungsgüterwirtschaft und Mitarbeiter des Rates des Kreises, ausgehend von den bisherigen Erfahrungen, auf dem bewährten Weg der sozialistischen Gemeinschaftsarbeit weiter voranzuschreiten.
- Die Weiterentwicklung der sozialistischen Gemeinschaftsarbeit bei der Rationalisierung und die zielstrebige Verwirklichung der in der Intensivierungskonzeption festgelegten Maßnahmen sind Grundlage der weiteren Arbeit.
- Die Tätigkeit des Koordinierungsrates ist zu erweitern und zu qualifizieren, besonders im Hinblick auf eine verstärkte Einbeziehung der Betriebe der Pflanzenproduktion und der Nahrungsgüterwirtschaft.
- Die Rationalisierungskonzeption ist unter besonderer Berücksichtigung der notwendigen Rationalisierung in der gesamten Produktionskette an Hand des erarbeiteten Reproduktions- und Produktionszyklogramms für unsere spezialisierten Mastläuferlieferbetriebe weiter zu qualifizieren.

Dabei stehen folgende Gesichtspunkte der Intensivierung der Produktion im Vordergrund:

- die Organisation des Reproduktions- und Produktionsprozesses bei Einführung eines festgelegten Rhythmus,
- die sinnvolle Anordnung der zu errichtenden bzw. zu rationalisierenden Plätze in bestehenden Anlagen und Ställen,
- die Ermittlung und Vorgabe der Produktivitäts- und Effektivitätskennziffern einschließlich des wissenschaftlich-technischen Fortschritts,

- das komplexe Herangehen aus gesamtvolkswirtschaftlicher Sicht,
- das enge Zusammenwirken der Betriebe, örtlichen Volksvertretungen und gesellschaftlichen Kräfte im Territorium,
- Sicherung der aktiven Mitarbeit der Genossenschaftsbauern und Arbeiter und die Entfaltung ihrer schöpferischen Initiativen,
- konkrete Festlegung der Aufgaben und Verantwortlichkeit in einer Koordinierungsvereinbarung und die gründliche konzeptionelle und analytische Tätigkeit.

C. Howitz, J. Löffler

Zur Bildung und Verwendung gemeinsamer finanzieller Fonds der sozialistischen Landwirtschaftsbetriebe

Die weitere Intensivierung und der schrittweise Übergang zu industriemäßigen Produktionsmethoden in der Landwirtschaft machen es erforderlich, der Ökonomie der Fonds in den sozialistischen Landwirtschaftsbetrieben, aber auch aus volkswirtschaftlicher Sicht im Bereich der Land- und Nahrungsgüterwirtschaft größeres Augenmerk zu schenken.

Zwei Aspekte treten dabei deutlich hervor:

1. Der rationelle Einsatz und die Nutzung der vorhandenen Fonds;
2. die richtige Planung und Verwendung der erwirtschafteten finanziellen Fonds für die weitere Entwicklung der sozialistischen Landwirtschaftsbetriebe sowie des Zweiges der Land- und Nahrungsgüterwirtschaft.

Rationeller Einsatz der Fonds und rationelle Verwendung der Mittel für die einfache und erweiterte Reproduktion bilden eine Einheit und müssen einer höheren Effektivität der Nahrungsgüterproduktion dienen. Auf der Grundlage einer wissenschaftlich begründeten Konzeption bzw. Planung für die weitere Entwicklung der landwirtschaftlichen Produktion und des Territoriums ist die richtige Verwendung der finanziellen Fonds von entscheidender Bedeutung, weil dadurch wesentliche Effektivitätsreserven erschlossen werden können.

Eine Möglichkeit der effektiven Nutzung der finanziellen Fonds besteht in der Zentralisation der finanziellen Fonds und dem begründeten Einsatz für die einfache und erweiterte Reproduktion. Die Zentralisation der finanziellen Fonds reiht sich dabei ein in die Nutzung der Zentralisation als Mittel für die Konzentration und Spezialisierung der landwirtschaftlichen Produktion. Die Vorteile für eine Effektivitätssteigerung durch Nutzung der Zentralisation haben im Laufe der Entwicklung unserer Landwirtschaft ihre Bestätigung in den LPG, KAP und zwischenbetrieblichen Einrichtungen gefunden und werden erneut bestätigt durch die Bildung von Agrar-Industrie-Vereinigungen der Pflanzenproduktion, in denen ein effektiver Einsatz der Grundfonds möglich wird und teilweise eine Verringerung der Grundfonds eintreten kann. Eine bestimmte Zentralisation der vorhandenen materiellen Fonds entsprechend dem Entwicklungsniveau der Produktivkräfte und den volkswirtschaftlichen Möglichkeiten bildet eine Grundlage für die Bildung gemeinsamer finanzieller Fonds der sozialistischen Landwirtschaftsbetriebe. Sie wird vom Staat stimuliert und ist ein fester Bestandteil der Agrarpolitik der SED. Die Dialektik besteht aber darin, daß die Zentralisation der finanziellen Fonds durch Nutzung der Kooperation gegenwärtig keine Vergrößerung der Betriebe der Pflanzenproduktion notwendig macht. Die Mittel sind zur Festigung und Entwicklung der bestehenden Betriebe einzusetzen.

Das Neue besteht darin, daß die gewachsenen Dimensionen der Produktionseinheiten und sowohl der Umfang als auch die qualitative und quantitative Struktur der Produktionsfonds sowie die staatliche Investitionspolitik für die erweiterte Reproduktion der

Landwirtschaft neue Formen der Verwendung der erwirtschafteten finanziellen Mittel notwendig machten und machen.

Grundsätze für die Weiterentwicklung fanden Eingang in den Dokumenten des VIII. und IX. Parteitages und in einer Reihe von Richtlinien und Empfehlungen für die Bildung und Verwendung gemeinsamer finanzieller Fonds, in der Kreditpolitik der Landwirtschaft und spiegeln sich auch wider in den neuen Musterstatuten der LPG Pflanzenproduktion und LPG Tierproduktion. Die Bildung gemeinsamer materieller und finanzieller Fonds sozialistischer Landwirtschaftsbetriebe ist unseres Erachtens eine Gesetzmäßigkeit beim Übergang zur industriemäßigen Produktion. Dabei treten jedoch auch Widersprüche auf.

Mit der schrittweisen Einführung der industriemäßigen Produktion wird der Rahmen der bisher herausgebildeten sozialistischen Landwirtschaftsbetriebe gesprengt, und es wird ein starkes Ansteigen des Fondsvorschusses notwendig; die Bildung der Mittel jedoch – durch Akkumulation – erfolgt innerhalb der bestehenden sozialistischen Landwirtschaftsbetriebe, und zwar in der DDR überwiegend in den landwirtschaftlichen Produktionsgenossenschaften. Durch die Bildung gemeinsamer finanzieller Fonds wird ein entscheidender Beitrag zur Lösung dieses Problems geleistet. Das ist zugleich auch ein Ausdruck für das Entstehen qualitativ neuer Züge des sozialistischen Bewußtseins der Klasse der Genossenschaftsbauern.

Durch die Bildung gemeinsamer finanzieller Fonds entstehen günstige Voraussetzungen für den Einsatz neuer Produktionsmittel; das genossenschaftliche Eigentum erfährt eine qualitative Entwicklung, und es kommt zu einer besseren Ausschöpfung der in ihm ruhenden Potenzen. Die Beziehungen zwischen den beiden Formen des sozialistischen Eigentums in der Landwirtschaft werden enger, und die Genossenschaftsbauern gewinnen ein weitergefaßtes Verhältnis zu ihrem Eigentum, und auch der Annäherungsprozeß der beiden Eigentumsformen wird gefördert.

Probleme treten u. a. bei der Leitung und wissenschaftlichen Durchdringung dieser Prozesse auf. Beispielsweise ist durch die Konzentration und Spezialisierung der einzelnen Betriebe ein unterschiedlicher Bedarf an finanziellen Fonds festzustellen, aber aus der Sicht der Entwicklung der Betriebe müssen wir für jeden Betrieb eine annähernd gleiche Effektivität sichern, so daß beim zentralisierten Einsatz der finanziellen Fonds die Gesamtentwicklung der Betriebe und der Landwirtschaft eines größeren Territoriums gesehen werden und der Einsatz der finanziellen Fonds auf der Grundlage wissenschaftlich begründeter, perspektivischer Konzeptionen bzw. Pläne erfolgen muß. Das heißt, der effektive Einsatz der zentralisierten finanziellen Fonds ist eng verbunden mit der wissenschaftlichen Leitungstätigkeit der staatlichen und wirtschaftsleitenden Organe bei Sicherung der demokratischen Mitwirkung der Betriebe.

Probleme treten auch beim Nachweis der Effektivität für den Einzelbetrieb auf. Beispielsweise ist es gegenwärtig nicht mehr möglich, bei Meliorationen, z. B. beim Ausbau eines Wirtschaftswegesystems oder eines Entwässerungssystems, das das Territorium mehrerer Betriebe berührt, die Effektivität für den jeweiligen Einzelbetrieb nachzuweisen. Das bedeutet u. a., daß weiterentwickelte wissenschaftliche Grundlagen geschaffen werden müssen, wie, ausgehend von der Sicherung einer hohen volkswirtschaftlichen Effektivität, beim Einsatz der zentralisierten finanziellen Fonds der Betriebe für territoriale Komplexe die Effektivitätsbestimmung erfolgen kann und wie die betriebliche Effektivität einzuordnen ist.

In der DDR lassen sich bei der Bildung gemeinsamer finanzieller Fonds unseres

Erachtens gewisse Abschnitte abgrenzen. In der ersten Etappe – seit Ende der sechziger Jahre bis etwa 1972 – ist ein enger Bezug zu den mit den gemeinsamen Fonds geschaffenen Objekten erkennbar. Jeweils eine Gruppe sozialistischer Landwirtschaftsbetriebe zentralisiert entsprechend den gesellschaftlichen Erfordernissen und in Übereinstimmung mit ihren eigenen Interessen ihre verfügbaren Akkumulationsmittel, um die industriemäßige Produktion in ganz konkreten Objekten zu verwirklichen. In dieser Zeit wurde beispielsweise das Netz der Agrochemischen Zentren als zwischenbetriebliche Einrichtungen der LPG und VEG aufgebaut.

Während die ACZ produktive Leistungen erbringen und nicht auf die Gewinnerwirtschaftung hinarbeiten, sondern den sonst erforderlichen Aufwand für die einzelnen Mitgliedsbetriebe vermindern, werden aus gemeinsam errichteten Produktionsstätten die erzielten Gewinne in der Regel an die Partnerbetriebe – entsprechend ihrer finanziellen Beteiligung – zurückgeführt.

Seit Anfang der siebziger Jahre wird ein wachsender Anteil der von den sozialistischen Landwirtschaftsbetrieben erwirtschafteten Akkumulationsmittel gemeinsamen Fonds zugeführt. Typisch für diesen Entwicklungsabschnitt ist, daß neben den LPG und VEG nunmehr bereits verstärkt kooperative Einrichtungen der Pflanzen- und Tierproduktion an der gemeinsamen Fondsbildung teilnehmen. Dort, wo gemeinsame finanzielle Fonds für industriemäßige Einrichtungen der Tierproduktion gebildet werden, ist auch in der zweiten Etappe die Objektbezogenheit noch deutlich ausgeprägt. Sichtbar wird die Tendenz zur allmählichen Aufhebung der Rückverteilung von Gewinnen aus den Objekten der industriemäßigen Pflanzen- und Tierproduktion an die ursprünglichen Trägerbetriebe. Die über den eigenen Amortisations- und Akkumulationsbedarf hinausgehenden Beträge werden unmittelbar gemeinsamen finanziellen Fonds der sozialistischen Landwirtschaft im Kreis zugeführt.

Die ehemals aus gemeinsamen Mitteln gebildeten spezialisierten Produktionsbetriebe erlangen gegenwärtig häufig juristische Selbständigkeit. Damit erhöht sich die Verantwortung der Kooperationsräte im jeweiligen Territorium und der staatlichen Organe, um die Entscheidungen über die Verwendung der gemeinsamen Fonds entsprechend den volkswirtschaftlichen Erfordernissen zu treffen. Es lassen sich drei Einsatzgebiete für gemeinsame Investitionen erkennen:

- In der Pflanzenproduktion die agrochemische Betreuung, die Errichtung von Trocknungs- und Pelletierwerken, die Errichtung von Aufbereitungs-, Lager- und Verarbeitungsstationen (für Pflanz- und Speisekartoffeln, Obst und Gemüse), die gemeinsame Errichtung großer Bewässerungsanlagen;
- in der Tierproduktion die Konzentration der Jungrinderaufzucht in den natürlichen Grünlandgebieten, die gemeinsame Errichtung großer Milchproduktionsanlagen und die Konzentration in der Ferkel- und Läuferproduktion und Schweinemast;
- schließlich werden in Zusammenarbeit mit den Gemeinden – häufig im Gemeindeverband – gemeinsame Investitionen zur Verbesserung der Lebensbedingungen aus den Haushaltsmitteln der Gemeinden und durch Fonds der Landwirtschafts- und Industriebetriebe des Territoriums finanziert.

Seit 1976 erhielt nach unserer Sicht die zweite Etappe der Bildung gemeinsamer finanzieller Fonds eine höhere Qualität. Seit 1976 werden beispielsweise im Kreis Hagenow, Bezirk Schwerin, mehr als die Hälfte der erwirtschafteten Akkumulationsmittel der

Landwirtschaftsbetriebe in gemeinsamen finanziellen Fonds angesammelt.[1] In dem Beschluß des Ministerrates über die Vervollständigung der ökonomischen Maßnahmen in der Landwirtschaft und Nahrungsgüterwirtschaft wird festgelegt, daß die staatlichen Leitungsorgane Mindestanforderungen an die Bildung gemeinsamer Fonds den Betrieben vorgeben sollten. Damit wird ein weiterer Abschnitt der Bildung und Verwendung gemeinsamer finanzieller Fonds eingeleitet. Die Arbeit mit den Mindestanforderungen als Bestandteil staatlicher Leitungstätigkeit muß mittels der quantifizierten Erfassung der betrieblichen Möglichkeiten unter Einbeziehung der Beurteilung aller objektiv wirkenden Faktoren des Reproduktionsprozesses das planmäßige Anwachsen der gemeinsamen finanziellen Fonds gewährleisten.

Es sind folglich und zunächst Faktoren des Reproduktionsprozesses und agrarpolitische Orientierungen zu finden, die auf die weitere planmäßige Entwicklung der gemeinsamen finanziellen Fonds Einfluß haben:

1. Die Hauptorientierung ist unmittelbar aus den Dokumenten des IX. Parteitages der SED abzuleiten. Auf die notwendige Investitionskraft unserer Land-, Forst- und Nahrungsgüterwirtschaft eingehend, formulierte der Generalsekretär des ZK der SED, Genosse Erich Honecker: „Wir bleiben bei dem bewährten Grundsatz, daß sich die Genossenschaftsbauern und -gärtner in hohem Maße mit Eigenmitteln ... an den Investitionen beteiligen."[2]

2. Der erforderliche Umfang an gemeinsamen finanziellen Fonds im Fünfjahrplanzeitraum ist aus dem Umfang der beschlossenen Gesamtinvestitionen der Landwirtschaft des Territoriums abzuleiten. Da nicht alle geplanten Investitionen, sondern nur ein bestimmter Teil aus dem Einsatz gemeinsamer finanzieller Fonds realisiert wird, liegt der Bedarf an derartigen Fonds in der Regel unter der Jahresinvestitionssumme.

3. Die dritte Einflußgröße für die Bestimmung der notwendigen Höhe der gemeinsamen finanziellen Fonds ergibt sich aus dem jährlichen Amortisationsvolumen der sozialistischen Landwirtschaft und aus der planmäßigen Entwicklung der Akkumulationsmasse. Wir möchten damit vor allem den engen Zusammenhang zwischen der einfachen und der erweiterten Reproduktion unterstreichen.

Marx wies bereits in seinen Theorien über den Mehrwert darauf hin, daß dort, wo fixes Kapital in großem Umfang angewandt wird, eine einfache Reproduktion bereits zu gesellschaftlich höchstem Nutzen führen kann.[3]

Ausgehend von diesen Orientierungen und Umfangsbemessungen, sollten für eine Jahresbilanz zur Bestimmung der Plangröße gemeinsamer finanzieller Fonds auf Bezirks- und Kreisbasis folgende Kennziffern ermittelt werden:

1. Jahresbedarf an Investitionsmitteln;
2. Investitionskomplexe, die den Einsatz gemeinsamer finanzieller Fonds erfordern, darunter

---

[1] K.-E. Bath, Die Bildung gemeinsamer finanzieller Fonds der sozialistischen Landwirtschaftsbetriebe und ihrer kooperativen Einrichtungen – untersucht im Kreis Hagenow, Bezirk Schwerin, Wilhelm-Pieck-Universität Rostock, Dissertation A, 1978.

[2] Bericht des Zentralkomitees der Sozialistischen Einheitspartei Deutschlands an den IX. Parteitag der SED, Berichterstatter: Genosse Erich Honecker, Berlin 1976, S. 68.

[3] K. Marx, Theorien über den Mehrwert, Zweiter Teil, in: Karl Marx, Friedrich Engels, Werke (im folgenden MEW), Bd. 26. 2., Berlin 1967, S. 481.

– Investitionen für Meliorationen,
– Investitionen für Konservierung und Lagerung,
– Investitionen für Technik der Feldwirtschaft,
– Investitionen zur Festigung der materiell-technischen Basis der Agrochemischen Zentren, zwischenbetrieblichen Bauorganisationen und zwischengenossenschaftlichen Einrichtungen Melioration,
– Investitionen für die Einführung der industriemäßigen Tierproduktion, einschließlich der Rekonstruktion und Rationalisierung von Altbauten,
– Investitionen im Bereich der Arbeits- und Lebensbedingungen;

3. Quellen für die Bildung gemeinsamer finanzieller Fonds aus der Jahresakkumulationsmasse und unseres Erachtens wahrscheinlich auch zunehmend aus der Jahresamortisation.

Ein Anliegen unseres Beitrages ist es, die Bildung und Verwendung gemeinsamer finanzieller Fonds der sozialistischen Landwirtschaftsbetriebe als eine gesetzmäßige Erscheinung der entwickelten sozialistischen Gesellschaft darzustellen, Lösungsmöglichkeiten für die Leitung dieses Prozesses aufzuzeigen und einige wissenschaftliche Problemstellungen zu diskutieren.

K. Groschoff

Zur weiteren Verringerung der wesentlichen Unterschiede zwischen Stadt und Land in der DDR

Zu den eindrucksvollsten Erfolgen der gesellschaftlichen Entwicklung in unserer Republik gehören die Überwindung des für die kapitalistische Gesellschaft typischen Gegensatzes von Stadt und Land und die sich im sozialistischen Aufbau vollziehende ständige Verringerung der wesentlichen Unterschiede zwischen ihnen. Ihre Verringerung gehört zu den „grundsätzlichen sozialen Aufgaben . . ., die beim sozialistischen und kommunistischen Aufbau zu bewältigen sind".[1]

Diese Unterschiede zwischen Stadt und Land sind sehr verschiedener Art. Zu ihnen gehören – zusammengefaßt zu drei Komplexen –

- Unterschiede, die hinsichtlich des Grades der Vergesellschaftung von Arbeit und Produktion sowie des Charakters und Inhalts der Arbeit, vor allem zwischen den Hauptbereichen der materiellen Produktion von Stadt und Land, bestehen;
- Unterschiede, die es hinsichtlich der Klassen- und Eigentumsverhältnisse gibt;
- Unterschiede, in den Verhältnissen, Bedingungen und Formen des Lebens, die aus charakteristischen Gegebenheiten von Stadt und Land resultieren.

Als wesentliche werden solche Unterschiede zwischen Stadt und Land in den materiellen und gesellschaftlichen Bedingungen aufgefaßt, die sich als soziale Unterschiede äußern und auswirken.

Fragen dieser Stadt-Land-Problematik gehören zweifellos zum Bereich wissenschaftlicher Fragen, mit denen sich der Wissenschaftliche Rat für gesellschaftliche und ökonomische Fragen des volkswirtschaftlichen Agrar-Industrie-Komplexes zu befassen hat. Das wurde im Referat zur heutigen Tagung bereits deutlich. Aus der Komplexität der Stadt-Land-Problematik ergibt sich zugleich, daß sich eine ganze Reihe anderer Hauptgebietsräte ebenfalls Fragen dieser Problematik, der weiteren Verringerung der wesentlichen Unterschiede zwischen Stadt und Land im Entwicklungsprozeß der sozialistischen Gesellschaft in der DDR, widmen müssen. Und so ist es ja auch. Gerade zur Stadt-Land-Problematik ist eine recht vielseitige und umfangreiche Zusammenarbeit zwischen Hauptgebietsräten verschiedener Bereiche der wirtschaftswissenschaftlichen Forschung möglich, erforderlich und muß entwickelt werden. Das sollte in der Tätigkeit des Wissenschaftlichen Rates für die wirtschaftswissenschaftliche Forschung weiterhin gebührende Beachtung und Förderung erfahren.

Fragen der Verringerung der wesentlichen Unterschiede zwischen Stadt und Land, mit denen wir Wissenschaftler uns befassen müssen, sind meistens keine besonderen, völlig

[1] E. Honecker, Gestaltung der entwickelten sozialistischen Gesellschaft – Aufgabe von historischer Größe, in: Einheit, 7/8/1978, S. 679.

neuen Fragen, die neben und unabhängig von Problemen bestehen, zu denen im Bereich der einzelnen Hauptgebietsräte, in den verschiedenen wissenschaftlichen Einrichtungen, wissenschaftlich gearbeitet, geforscht wird. Es sind überwiegend nur spezielle Aspekte, besondere Seiten jener Probleme, es sind weiterführende Betrachtungen und Wertungen aus spezieller Sicht. Es sind daher oft nur – bei nicht sehr großem Aufwand – ergänzende Untersuchungen und Darstellungen, Betrachtungen, Wertungen und Vorschläge aus zusätzlicher Sicht, d. h. vom Standpunkt der Stadt-Land-Problematik notwendig, um reichere Aussagen der Gesellschaftswissenschaften zu dieser Problematik zu bekommen. So wird zum Teil auch herangegangen, es müßte m. E. aber mehr und beständiger erfolgen.

Allgemeine Grundlage für die fortschreitende Verminderung der wesentlichen Unterschiede zwischen Stadt und Land ist die schnelle Entwicklung der Produktivkräfte, die eine bedeutende Erhöhung des wissenschaftlich-technischen Niveaus in der Landwirtschaft, der Produktivität der Arbeit und der Effektivität der Produktion bewirken muß und die gegenwärtig speziell mit dem Übergang zu industriemäßigen Produktionsmethoden verwirklicht wird. Im Zusammenhang mit der dabei notwendigen Entwicklung der materiell-technischen Basis der sozialistischen Landwirtschaft ist auch die materiell-technische Basis in anderen Bereichen, die für die Entwicklung der Arbeits- und Lebensbedingungen auf dem Lande wirksam sind, entsprechend zu vervollkommnen. Die für die weitgehende Verminderung der wesentlichen Unterschiede zwischen Stadt und Land und ihre Überwindung notwendige Entwicklung der materiell-technischen Basis ist ein aufwendiger und langfristiger Prozeß.

In der Entwicklung der Produktivkräfte sind beim sozialistischen Aufbau große Fortschritte erreicht worden. Die materiell-technische Basis der Land-, Forst- und Nahrungsgüterwirtschaft wurde insbesondere seit dem Sieg der sozialistischen Produktionsverhältnisse in bedeutendem Maße weiterentwickelt, erweitert und vervollkommnet. Von Fünfjahrplan zu Fünfjahrplan wurden mehr Mittel für Investitionen in der Land-, Forst- und Nahrungsgüterwirtschaft eingesetzt. Das ist auch im Zeitraum 1976 bis 1980 vorgesehen.

Der Grundmittelbestand insgesamt in der sozialistischen Land- und Forstwirtschaft der DDR ist stark angestiegen. Da die Zahl der Beschäftigten sich im gleichen Zeitraum verringert hat, ist die Erhöhung im Grundmittelbestand je Beschäftigten noch stärker als im Bestand insgesamt. Dennoch ist die Landwirtschaft, der für das Land charakteristische und hauptsächliche Zweig der materiellen Produktion, in der Ausrüstung mit Produktionsmitteln, in der Grundfonds- und Energieausstattung je Beschäftigten hinter dem Niveau der Industrie, dem für die Stadt charakteristischen und hauptsächlichen Zweig der materiellen Produktion, zurück. Der Bruttowert des Grundmittelbestandes je Beschäftigten machte 1960 erst etwa 45% des Niveaus der Industrie aus; bis zum Beginn des gegenwärtigen Fünfjahrplanes erhöhte er sich im absoluten Volumen in der Landwirtschaft auf das 3,6fache von 1960 und erreichte damit rund 70% des Niveaus je Beschäftigten der Industrie.[2]

Eine volle Angleichung zu erreichen, erfordert eine lange Frist und viel Mittel. Außerdem besteht bei uns im Forschungsbereich Landwirtschaft an der Akademie für Gesellschaftswissenschaften wie bei zahlreichen anderen Ökonomen, insbesondere in der UdSSR die Ansicht, daß ein einfaches Angleichen der Grundfondausstattung je Arbeitskraft in der sozialistischen Landwirtschaft an das Niveau der Industrie nicht ausreichen

[2] Vgl. Statistisches Jahrbuch der DDR 1978, Berlin 1978, S. 81.

wird, um in der Landwirtschaft industriemäßige Produktion auf etwa gleichem wissenschaftlich-technischem Niveau wie in der Industrie zu vollziehen.[3] Aber für die Überwindung der wesentlichen Unterschiede zwischen Stadt und Land wird das erforderlich.

Umfangreiche Investitionen erfordert die Vervollkommnung der materiell-technischen Basis der Tierproduktion durch Neubau von Stallanlagen für industriemäßige Produktion und wachsendes Ausmaß von Rekonstruktion und Rationalisierung. Nur so ist vor allem zugleich das erforderliche Wachsen der Produktion, eine Reduzierung der in der Tierproduktion noch benötigten Anzahl von Arbeitskräften und speziell auch eine Verringerung der noch territorial differenziert langen Arbeitszeiten in der Tierproduktion zu ermöglichen. Der weitere Fortschritt in der Mechanisierung der Arbeit ist hierbei ein Kernproblem.

Im Referat wurden Angaben gemacht, wie groß in den verschiedenen Bereichen der Tierproduktion der Anteil an Tierplätzen ist, bei denen Fütterung bzw. Entmistung noch nicht mechanisiert sind. Ein solcher Stand der materiell-technischen Basis und seine weitere Veränderung wirkt sich auf Niveau und Entwicklung der Produktion, der Produktivität und Effektivität aus und hat zugleich vielfältige weitreichende Konsequenzen für Charakter und Inhalt der Arbeit, für Arbeits- und Lebensbedingungen. Er hat somit auch vielseitige Wirksamkeit für den Stand und die weitere Verringerung der wesentlichen Unterschiede zwischen Stadt und Land. Dieser Blickpunkt jedoch kommt m. E. in wissenschaftlichen Untersuchungen über Reproduktionsfragen der Landwirtschaft und der Volkswirtschaft insgesamt, über den gegenwärtig anzustrebenden Typ der intensiv erweiterten Reproduktion, über die Entwicklung der materiell-technischen Basis u. a. zu kurz oder fehlt gar. In dieser Richtung sollten künftig Analysen, Betrachtungen und Wertungen ausgeweitet werden. Die weitere Verminderung wesentlicher Unterschiede zwischen Stadt und Land darf auch in vielen wirtschaftswissenschaftlichen Untersuchungen nicht, wie es mitunter geschieht, nur als eine der vielfältigen Wirkungen der betrachteten Prozesse, von der man abstrahieren kann, aufgefaßt werden. Sie ist in der DDR ein Ziel der Politik der SED.

Diese notwendige Ausweitung der Betrachtungen bis zur Stadt-Land-Problematik will ich an einem Teilgebiet der Entwicklung in der Landwirtschaft deutlich machen, wobei ich mich auf Forschungsergebnisse unserer Aspiranten stützen kann. Eine sehr wichtige Frage ist die Vervollkommnung und bessere Nutzung der materiell-technischen Basis zur besseren Bewältigung von Transport, Umschlag und Lagerung in der Landwirtschaft. Die Landwirtschaft hat einen sehr großen Transportbedarf, der mit dem weiteren Wachstum der Produktion und vor allem auch mit dem Fortschritt in Arbeitsteilung und gesellschaftlicher Organisation der Produktion beim Übergang zu industriemäßiger Produktion bedeutend weiter ansteigt. Im Referat wurden hierzu bereits einige Angaben gemacht. Ergänzend sei bemerkt, daß sich die durchschnittliche Transportentfernung in den letzten zehn Jahren etwa verdoppelt hat (von 4 auf etwa 8 km) und sich künftig wohl kaum verringern, sondern eher noch etwas weiter wachsen wird.

Zugleich mit dem Anwachsen des Gütertransportes ist in der Landwirtschaft auch der Personentransport bedeutend gestiegen und wächst beständig weiter an. Die Jahresbe-

---

[3] Vgl. Autorenkollektiv K. Groschoft, R. Heinrich, Industriemäßige Produktionsmethoden in der sozialistischen Landwirtschaft der DDR – Entwicklung der gesellschaftlichen Organisation und der Arbeitsteilung, Berlin 1976, S. 92 f.

förderungsleistung beim Berufsverkehr in der Landwirtschaft der DDR beträgt bereits über 1500 Mio Personenkilometer.[4]

Untersuchungen und Vorschläge zur Transportproblematik in der Landwirtschaft sind vor allem darauf orientiert, den Gütertransport und den Berufsverkehr besser bewältigen zu können, dazu die materiell-technische Basis zu vervollkommnen (Ausrüstung mit Technik für Transport, Umschlag und Lagerung, ihre Weiterentwicklung und rationellste Nutzung, Wirtschaftswegebau, Ausbau des Straßennetzes) und die besten organisatorischen Lösungen zu weisen. Es geht auch um Überlegungen, wie die Kapazitäten anderer Volkswirtschaftsbereiche beitragen können, den Transportbedarf der Landwirtschaft zu decken, wie z. B. der öffentliche Kraftverkehr zur Realisierung des notwendigen Berufsverkehrs für die Beschäftigten der Landwirtschaft unserer Republik mitgenutzt werden kann.

Aber viele dieser Betrachtungen über Transportprobleme der Landwirtschaft müssen, wie es z. T. auch bereits geschieht, komplexer werden und die Verbesserung der Verkehrsverhältnisse auf dem Lande überhaupt unter dem Blickpunkt der Stadt-Land-Problematik erfassen. Die Verbesserung der Verkehrsverhältnisse im ländlichen Gebiet und zu den Städten ist zweifellos ein wesentlicher Bestandteil der Verbesserung der Lebensbedingungen und somit auch ein wichtiger Faktor der weiteren Verminderung wesentlicher Unterschiede zwischen Stadt und Land.

Bekanntlich spielen für die Befriedigung vieler wachsender Bedürfnisse der Landbevölkerung die infrastrukturelle Ausstattung des jeweiligen Territoriums und die Erreichbarkeit der verschiedensten Einrichtungen eine entscheidende Rolle. Viele benötigte Elemente dieser Ausstattung gibt es nur in den größeren ländlichen Siedlungen, Siedlungszentren und Kleinstädten, manches auch nur in der Kreisstadt und anderen größeren Städten. Und das wird sich auch nicht völlig ändern. Über die Verfügbarkeit vieler Teile der Infrastruktur zur Bedürfnisbefriedigung (Theater, Kino, Sport- und Schwimmhalle, Tanzsaal, Spezialverkaufsstellen u. a. m.) entscheiden maßgeblich auch die Verkehrsbedingungen im Territorium.

Für einen großen Teil der Bürger der DDR, die Einwohner vieler Gemeinden und Siedlungen hängt die bessere Deckung ihrer wachsenden Bedürfnisse in hohem Maße auch von der Verbesserung der Verkehrsbedingungen ab. Immerhin lebt fast ein Viertel der Bürger der DDR in den 6539 Gemeinden unter 2000 Einwohnern[5]. Und von den rund 23 400 Siedlungen haben etwa 17 500 weniger als 350 Bewohner. Schon solche Fakten deuten die Größe der Aufgabe zur Verbesserung der Verkehrsverhältnisse bei der weiteren Annäherung der Lebensbedingungen auf dem Lande an die der Stadt an.

Mit der notwendigen Verbesserung der Verkehrsverhältnisse auf dem Lande stehen die Lösungswege und praktischen Maßnahmen zur besseren Bewältigung der wachsenden Transportaufgaben der Landwirtschaft im Gütertransport und Berufsverkehr in engem Zusammenhang. Hier werden nur zu zwei solcher Zusammenhänge Bemerkungen gemacht:

1. Der Wirtschaftswegebau in unserer Landwirtschaft, der beträchtliches Ausmaß hat, ist ein wichtiger Faktor bei der Entwicklung ihrer materiell-technischen Basis. In Er-

[4] Vgl. E. Drescher, Zur Planung und Durchführung der Personenbeförderung, in: Kooperation, 6/1978, S. 284.

[5] Vgl. Statistisches Jahrbuch der DDR 1978, Berlin 1978, S. 7.

gänzung des Netzes öffentlicher Straßen dient er der rationellen Bewältigung der Gütertransporte und des Berufsverkehrs in diesem Zweig der Volkswirtschaft. Jedoch darf man ihn nicht immer und überall nur unter diesem Gesichtspunkt gestalten. Für nicht wenige Siedlungen in ländlichen Gebieten, insbesondere in den nördlichen Bezirken wird es gewiß nur möglich sein, über neue feste Wirtschaftswege der landwirtschaftlichen Betriebe Anschluß an das Netz öffentlicher fester, ständig gut befahrbarer Straßen zu bekommen. Ein solcher Anschluß ist für die Bewohner einer Siedlung sehr wichtig. Es wird ihnen besser möglich sein, die Einrichtungen anderer Siedlungen zur Befriedigung von Bedürfnissen zu erreichen und nutzen zu können. Es ist für die Verkehrsbedingungen in ländlichen Territorien und ihre Verbesserung im Prozeß der Annäherung der Lebensbedingungen auf dem Lande an die der Stadt sehr wichtig, daß *alle* Siedlungen guten Anschluß an das Straßennetz haben.

Den Wirtschaftswegebau so zu gestalten, daß er für rationellen Güter- und Personentransport der Landwirtschaft und zugleich für die Verbesserung der Verkehrsbedingungen im ländlichen Territorium insgesamt wirksam ist, entspricht den beiden untrennbar verbundenen Zielen der Agrarpolitik der SED, wie sie in dem vom IX. Parteitag angenommenem Programm umrissen sind.

2. Zur materiell-technischen Basis unserer Landwirtschaft gehören Personenbeförderungsmittel in beträchtlichem Umfang. Die Vergrößerung und Verbesserung dieser Transportkapazität und ihre höhere Ausnutzung durch rationelle organisatorische Lösungen sind wichtige Anliegen zur Deckung des wachsenden Personentransportbedarfs, der sich mit dem Ausbau des Berufsverkehrs in den verschiedenen Bereichen der Land- und Nahrungsgüterwirtschaft ergibt. Aber es wird erforderlich sein, die Entwicklung und die Nutzung dieser Transportkapazität nicht allein unter dem Blickpunkt des Berufsverkehrs und anderen Personentransportbedarfs der Betriebe der Land- und Nahrungsgüterwirtschaft zu gestalten, sondern auch den Transportbedarf aller Einwohner der ländlichen Siedlungen zur besseren Befriedigung ihrer vielfältigen Bedürfnisse zu beachten. Er ist bedeutend gestiegen und wächst weiter. Bei seiner Deckung spielen der volkseigene Kraftverkehr, insbesondere mit seinem wachsenden öffentlichen Liniennetz, sowie die individuelle Motorisierung eine wichtige Rolle. Aber sie und auch der landwirtschaftliche Berufsverkehr werden auf weite Sicht allein nicht genügen, um eine ausreichende Deckung des Personentransportbedarfs der Einwohner ländlicher Gebiete zu erzielen. Hierbei kann die in der Landwirtschaft selbst vorhandene Personentransportkapazität eine wichtige Rolle spielen.

Eine Verbesserung der Verkehrsmöglichkeiten im Rahmen des jeweiligen ländlichen Gebietes (z. B. im Rahmen des Gebiets eines Gemeindeverbandes), eine häufigere Verbindung zum nächsten Siedlungszentrum, zur Kreisstadt oder einer anderen nahegelegenen Stadt sowie eine Verbesserung der Verkehrsmöglichkeiten in den Abendstunden, an Sonnabenden und Sonntagen stellen ein wichtiges Erfordernis dar bei der weiteren Entwicklung der Lebensbedingungen für die Einwohner vieler ländlicher Siedlungen.

In einem Kreis eines südlichen Bezirkes, der hier als Beispiel genommen wird, sind alle Orte an das öffentliche Liniennetz des Kraftverkehrs angeschlossen. In vielen Kreisen ist das noch nicht der Fall. In jenem Kreis besteht für die Einwohner aller 79 Siedlungen von Montag bis Freitag täglich die Möglichkeit, mit dem Kraftverkehr die an der Linie liegenden Orte und vor allem die Kreisstadt zu erreichen. Jedoch für 11 dieser Orte nur einmal am Tage. Am Sonnabend haben nur noch 63 Orte (darunter 25 nur einmal am Tage) Verbindung zur Kreisstadt, am Sonntag verringert sich das noch weiter. Eine ähnliche Verringerung der Verkehrsverbindungen wie im Tagesverlauf der Woche tritt auch an den einzelnen Tagen zu den Abendstunden ein.

Eine Verbesserung dieser Situation vor allem durch Erweiterung des jetzigen öffentlichen Kraftverkehrs ist aus verschiedensten Gründen nicht möglich. So ist z. B. der erweiterte Einsatz der großen Linienbusse des Kraftverkehrs für den geringen Beförderungsbedarf, wie er verbreitet bei den kleinen Siedlungen, in Abendstunden und an Wochenenden besteht, unrentabel. Eine Lösung allein durch die individuelle Motorisierung wird auch nicht möglich sein. Man muß sich meines Erachtens auch darauf orientieren, die in der Landwirtschaft vorhandenen Kapazitäten für den Personentransport, die gegenwärtig fast nur dem Berufsverkehr dienen, auch zur Verbesserung der gesamten Verkehrsverhältnisse zu nutzen. Und das ist nicht nur für die Beschäftigten der landwirtschaftlichen Betriebe selbst außerhalb der Arbeitszeit erforderlich, sondern auch für alle anderen Einwohner jener Siedlungen.

In der Landwirtschaft gibt es rund 4000 Busse. Über 50% dieses Bestandes sind Kleinbusse vom Typ B 1000. Bei der Personentransportkapazität der Landwirtschaft überwiegen – im Unterschied zum volkseigenen Kraftverkehr – die Fahrzeuge mit geringer Platzzahl (8–25 Sitzplätze). Gerade deshalb wäre ein solcher Fahrzeugbestand auch sehr gut geeignet für die Deckung von Transportbedarf geringen Volumens, wie er in den ländlichen Gebieten, bei kleinen Siedlungen, in den Abendstunden und am Sonnabend und Sonntag auftritt.

Eine Erschließung der Personentransportkapazitäten der Landwirtschaft über den Berufsverkehr und die Deckung anderen eigenen Transportbedarfs der Betriebe hinaus, stellt zweifellos neue Probleme und fordert auch neue Lösungen. Es wird meines Erachtens notwendig sein, diesen Transport, wie er sich bereits für den landwirtschaftlichen Gütertransport und Berufsverkehr verbreitet, über kooperative Einrichtungen zu organisieren. Erforderlich wird auch eine verbesserte Reproduktion des Fahrzeugbestandes sein, denn die Fahrzeuge werden stärker genutzt. Es werden aber auch neue finanzielle Lösungen getroffen werden müssen. Mit Transporttarifen, wie sie der volkseigene Kraftverkehr im Linienverkehr hat, kann die kooperative Einrichtung die Aufwendungen für jenen Personentransport nicht decken. Und finanzielle Regelungen, wie sie für den Berufsverkehr möglich sind, können meines Erachtens auf jenen anderen Personentransport nicht ausgedehnt werden.

Bei den wesentlichen Unterschieden zwischen Stadt und Land bilden auch die Einkommensverhältnisse ein wichtiges Element. Auf sie wird verschiedentlich im Zusammenhang mit Unterschieden in den Eigentums- und Klassenverhältnissen, aber auch im Zusammenhang mit den Unterschieden in den Lebensbedingungen eingegangen. Die Aussagen sind dabei zum Teil nur kurz gehalten, meistens wenig detailliert und mit einigen Vereinfachungen behaftet. So hieß es z. B. in Thesen, die ich vor einigen Monaten bekam, daß die durchschnittlichen Einkommen bei den Berufstätigen in Stadt und Land ein gleiches Niveau erreicht haben. Im heutigen Referat wurde darauf hingewiesen, daß die Arbeitseinkommen der Genossenschaftsbauern dem Niveau der Arbeiter der Industrie wesentlich angeglichen wurden.

Die persönlichen Einkommensverhältnisse der Werktätigen der sozialistischen Landwirtschaft, sowohl der Genossenschaftsbauern wie auch der in der Landwirtschaft tätigen Arbeiter, haben sich seit 1960 und besonders seit Anfang der 70er Jahre enorm entwickelt. Das war und ist ein bedeutender Faktor bei der Verminderung der wesentlichen Unterschiede zwischen Stadt und Land. Es ist ein hervorragendes Ergebnis der unter Führung der SED in unserer Republik konzipierten und realisierten Wirtschafts- und Sozialpolitik im allgemeinen, der Agrar- und Bündnispolitik im besonderen.

Wie durchgeführte Untersuchungen zeigen, erfolgten bzw. erfolgen die Veränderungen in den Einkommensverhältnissen meines Erachtens vor allem in folgenden Richtungen:

1. Die Anfang der 60er Jahre noch sehr deutliche soziale Differenziertheit in der Höhe der Arbeitseinkommen zwischen Genossenschaftsbauern und landwirtschaftlichen Arbeitern sowie zwischen ihnen und den Industriearbeitern wurde weitgehend überwunden. Die An- und Ausgleichung ist so weitgehend, daß man die gegenwärtig vorhandene Differenzierung in der durchschnittlichen Höhe der Arbeitseinkommen zwischen jenen großen Gruppen der Sozialstruktur faktisch nicht mehr als soziale Differenziertheit werten kann.

2. Bedeutend angenähert hat sich zwischen den Werktätigen von Stadt und Land sowie zwischen Arbeitern und Bauern innerhalb der sozialistischen Landwirtschaft die Struktur ihrer Gesamteinkommen nach den Quellen. Und dieser Prozeß vollzieht sich weiter. Arbeit im volkseigenen Betrieb und Arbeit im genossenschaftlichen Betrieb sind in dieser Wertung gleichgestellt.

3. Auch die Formen der Verteilung nach Arbeitsleistung in den LPG nähern sich denen in den VEG und diese wiederum werden schrittweise denen der VEB der Industrie angeglichen. Hinsichtlich dieser Annäherung der Formen in den LPG an die der VEG besteht jedoch noch eine relativ breite Differenziertheit im genossenschaftlich-sozialistischen Sektor unserer Landwirtschaft.

Ausgangs- und Endpunkt in einem Vergleich zwischen Stadt und Land hinsichtlich der persönlichen Einkommensverhältnisse der Werktätigen sollte das *betriebliche Arbeitseinkommen* sein. Es muß beachtet werden, daß Einkommen mehr als Arbeitseinkommen umfaßt, und Arbeitseinkommen ist nicht nur das aus betrieblicher Tätigkeit, sondern auch das aus der individuellen Produktion.

In der *Höhe* lag das jährliche durchschnittliche betriebliche Arbeitseinkommen der Genossenschaftsbauern am Beginn der 60er Jahre noch etwa um ein Drittel und das der landwirtschaftlichen Arbeiter um etwa ein Fünftel unter dem der Arbeiter und Angestellten der Industrie. Bis heute hat es fast das der Werktätigen der Industrie der DDR erreicht.

In manchen Einschätzungen wird übersehen, daß für gleiche Einkommenshöhe von den Werktätigen in unserer Landwirtschaft noch mehr Arbeitsstunden geleistet werden als in anderen Bereichen. Dazu Zahlen aus einem Kreis, die wahrscheinlich nicht genau in ihrem Niveau und den Relationen, durchaus aber in der Tendenz auch für die anderen Kreise unserer Republik aussagekräftig sind. In jenem Kreis lag 1977 in den LPG im Durchschnitt die Höhe der jährlichen Nettoarbeitseinkommen aus betrieblicher Tätigkeit im Vergleich zu seiner Höhe in der volkseigenen Industrie in der Pflanzenproduktion bei 94% und in der Tierproduktion bei 102%, bezogen auf die bezahlten Arbeitsstunden jedoch in der Pflanzenproduktion bei 87% und in der Tierproduktion bei 91%.

Hinter der weitgehenden Angleichung in der Höhe der betrieblichen Arbeitseinkommen, die mit Recht in manchen Darlegungen so hervorgehoben wird, darf man jedoch die noch bestehenden Unterschiede in der Arbeitsstundenzahl nicht übersehen. Bei einem Vergleich zwischen volkseigener Landwirtschaft und Industrie ergibt sich, daß bereits die tatsächlich geleistete Arbeitszeit in der Landwirtschaft höher ist. Hinzu kommt noch eine höhere Zahl von Überstunden. Daß die Zahl der jährlichen Arbeitsstunden insbesondere in den LPG Tierproduktion noch höher liegt, ist bekannt. Im Referat zur heutigen Tagung wurde bereits auf die hohe Arbeitsstundenzahl in der Tierproduktion hingewiesen. Dort ist die hohe Stundenzahl im Jahr weniger das Resultat der Ausdehnung des einzelnen Arbeitstages, wie es in anderen Bereichen der Fall ist, als vielmehr einer zu geringen Anzahl arbeitsfreier Tage im Jahr. Die noch verbreitete Tierproduktion traditioneller Art, die vielen Ställe kleiner Kapazität spielen dabei eine bedeutende Rolle. Die Unterschiede im Ausmaß der Arbeitszeit sind vor allem noch Folge jener aus vorsozialistischen Verhältnissen herrührenden geringeren Entwicklung der Produktivkräfte auf dem Lande als in der Stadt.

Bedeutende Unterschiede in den Einkommensverhältnissen der Werktätigen zwischen Stadt und Land bestanden auch nach dem Sieg der sozialistischen Produktionsverhältnisse in der Einkommens*struktur*. Sie ergaben und ergeben sich nicht allein aus den bekannten Unterschieden zwischen den beiden Grundformen des sozialistischen Eigentums an den Produktionsmitteln und der mit jeder dieser Formen jeweils verbundenen Verteilung des notwendigen Produkts. Für die persönlichen Einkommen der Werktätigen auf dem Lande – für Genossenschaftsbauern wie auch für landwirtschaftliche Arbeiter und andere – waren auch höhere Anteile von Einkommen aus zusätzlicher Arbeit, die nicht im Betrieb, sondern für individuelle landwirtschaftliche Produktion verausgabt wurde, und das Bestehen von Naturaleinkommen, wenn auch in unterschiedlicher Ausprägung, kennzeichnend. Die in dieser Hinsicht bestehenden Unterschiede verringern sich fortschreitend.

Die wichtigsten Richtungen der Veränderungen in der Struktur der Einkommen sind

– Anstieg des Anteils der Einkommen aus betrieblicher Tätigkeit am Gesamteinkommen; Verringerung des Einkommensanteils aus der persönlichen Hauswirtschaft bei den Genossenschaftsbauern und der Einkommen aus landwirtschaftlicher Kleinproduktion (individueller) bei den landwirtschaftlichen Arbeitern und den nicht in der Landwirtschaft tätigen Landbewohnern.
– Erhöhung des Anteils der Arbeitsvergütung aus ihrer LPG am Einkommen der Genossenschaftsbauern; Rückgang der Vergütung auf Bodenanteile und ihres Anteils am Einkommen.
– Zunahme der Geldeinkünfte und ihres Anteils am Einkommen; Verringerung der Naturaleinkünfte und ihres Anteils am Einkommen aus betrieblicher Tätigkeit und am Einkommen insgesamt.
– Anwachsen des Anteils jenes Arbeitseinkommens, das Genossenschaftsbauern und auch Arbeiter in VEG aus zeitweiliger Tätigkeit (sozialistische Hilfe) in anderen Betrieben erlangen.

Diese Richtungen sollen hier nicht näher erläutert werden. Nur zum Einkommen aus der persönlichen Hauswirtschaft der Genossenschaftsbauern und aus der landwirtschaftlichen Kleinproduktion von Arbeitern und Angestellten werden noch einige Bemerkungen angefügt.

Das Bestehen einer persönlichen Hauswirtschaft, in der individuelle Produktion, Kleinproduktion landwirtschaftlicher Erzeugnisse für die Eigenversorgung und auch den Markt, betrieben wird, ist bei den Genossenschaftsbauern verbreitet, in anderen sozialistischen Ländern noch mehr als in unserer Republik. Es wird oft als klassenmäßiges Charakteristikum für Genossenschaftsbauern angeführt. Bei den Familien vieler Genossenschaftsbauern unseres Landes ist der Anteil der Geldeinkünfte aus der persönlichen

Hauswirtschaft an den gesamten Geldeinkünften noch immer bedeutend. Hinzu kommt außerdem der Eigenverbrauch, der Naturaleinkommen darstellt.

Oft wird übergangen, daß auch von Arbeitern und Angestellten aus eigener landwirtschaftlicher Kleinproduktion ein Beitrag in Geld und Naturalform zu ihrem Einkommen erzielt wird. Er ist kleiner als bei den Genossenschaftsbauern, aber nicht unbedeutend. Das machen folgende Fakten bereits deutlich: Setzt man den Beitrag, der im vorigen Jahr aus den Hauswirtschaften der Genossenschaftsbauern zum staatlichen Aufkommen an tierischen Produkten gebracht wurde, gleich 100, so betrug im Verhältnis dazu der aus der individuellen Produktion von Arbeitern und Angestellten bei Milch nur 9%, bei Schlachtvieh jedoch 80%, bei Eiern 75%, und bei Wolle lag er weit über 100%.

Bei Einkommensvergleichen zwischen den Werktätigen aus Stadt und Land, Landwirtschaft und Industrie, aber auch zwischen den verschiedenen Gruppen der Werktätigen auf dem Lande ist zu beachten, daß

– das Einkommen aus der Hauswirtschaft nicht dem persönlichen Einkommen des einzelnen Genossenschaftsbauern zugerechnet werden kann, sondern als Bestandteil des Familieneinkommens zu werten ist;
– als Geldeinkommen aus der Hauswirtschaft in der Regel der gesamte Gelderlös angerechnet wird, also nicht nur der Überschuß, der sich als Arbeitsentgelt nach Abzug der für jene individuelle Produktion getätigten Geldausgaben und anderer materieller Aufwendungen ergibt;
– Einkommen aus der Hauswirtschaft Arbeitseinkommen ist und für seine Erreichung Arbeit in bestimmtem zeitlichem Ausmaß aufzuwenden ist.

Diese Gesichtspunkte gelten auch für das Einkommen anderer Werktätiger aus individueller Produktion landwirtschaftlicher Art.

Hinsichtlich der Einkommensverhältnisse halte ich es ebenfalls für erforderlich, diese in der wissenschaftlichen Arbeit mehr unter dem Blickpunkt der Problematik Stadt-Land zu erfassen, sie dazu komplexer und zugleich auch detaillierter bei der Analyse zu durchdringen. Auch bei diesen Fragen ist eine stärkere Zusammenarbeit zwischen den wissenschaftlichen Fachgebieten möglich und erforderlich.

G. Winkler

Zu einigen Ergebnissen der Analyse der Arbeits- und Lebensbedingungen in der sozialistischen Landwirtschaft

Im vorgetragenen Einführungsreferat wurde auf die Notwendigkeit der planmäßigen Vervollkommnung der Arbeits- und Lebensbedingungen in den Dörfern als Bestandteil des Gesamtprozesses der weiteren Annäherung von Stadt und Land hingewiesen. Das ist aus zwei Gründen zu unterstreichen, einmal, weil auch in den ländlichen Gemeinden die Lebensbedingungen zielstrebig umgestaltet werden müssen, wenn das Dorf nicht noch stärker hinter der Stadt zurückbleiben soll. Zum anderen ist es erforderlich, die Gestaltung der Arbeitsbedingungen in der sozialistischen Landwirtschaft als unabdingbaren Bestandteil der gesamtgesellschaftlichen Entwicklung zu sehen. Unter diesen Aspekten werden an der Karl-Marx-Universität Leipzig, Wissenschaftsbereich Agrarökonomie, seit längerer Zeit Untersuchungen der Arbeits- und Lebensbedingungen in der sozialistischen Landwirtschaft und in den Dörfern vorgenommen. Ihr Gegenstand ist vor allem die Entwicklung der individuellen und gesellschaftlichen Konsumtion, die Gestaltung der Territorialstruktur in ländlichen Gebieten, das Arbeitsvermögen und die Arbeitsbedingungen im Volkswirtschaftsbereich Landwirtschaft sowie die Entwicklung der gesellschaftlichen Aktivität der Berufstätigen in der sozialistischen Landwirtschaft.

In diesem Rahmen sollen einige Probleme der gesellschaftlichen Konsumtion dargelegt werden.[1] Die Analyse der gesellschaftlichen Konsumtion erfolgte in unmittelbarem Zusammenhang mit der Entwicklung des Bruttoeinkommens, der Akkumulation und der persönlichen Einkünfte. Daraus ergeben sich sowohl eine Steigerung der persönlichen Einkünfte als auch der gesellschaftlichen Konsumtion, wie aus der nachfolgenden Tabelle 1 zu entnehmen ist.

Die gesellschaftliche Konsumtion steigt in den LPG und genossenschaftlichen Einrichtungen schneller als die persönlichen Einkünfte. Folglich wächst der Anteil der gesellschaftlichen Konsumtion an der Gesamtkonsumtion. Auch in den kommenden Jahren dürfte sich die Tendenz fortsetzen, daß die Betriebe mit hohen persönlichen Einkünften ihre Mittelbereitstellung für die gesellschaftliche Konsumtion ausweiten, solange die persönlichen Einkünfte unter Beachtung der Proportionen zu anderen Volkswirtschaftsbereichen und der gesellschaftlichen Entwicklung einem limitierten Wachstum unterworfen werden.

Tabelle 1 widerspiegelt zugleich die Unterschiedlichkeit in der Entwicklung der gesellschaftlichen Konsumtion in den einzelnen Betriebsformen. Die differenzierten Steigerungsraten in den LPG, KAP, ZGE und ZBE führten bis 1976 zu einer Annäherung der Aufwendungen (M je VbE). Das zeigt auch Tabelle 2.

[1] Die Ausführungen beruhen auf Forschungsergebnissen des vom Autor geleiteten Wissenschaftsbereiches Agrarökonomie der Sektion Tierproduktion/Veterinärmedizin der Karl-Marx-Universität Leipzig und beziehen sich, soweit nicht anders dargelegt, ausschließlich auf die in den Jahresabschlußberichten ausgewiesenen Mittel für die gesellschaftliche Konsumtion aus dem Kultur- und Sozialfonds.

Tabelle 1
Die Entwicklung der persönlichen Einkünfte und der gesellschaftlichen Konsumtion in ausgewählten Betriebsformen (1973 = 100)

Betriebsformen	1974	1975	1976
KAP und LPG Pflanzenproduktion			
persönliche Einkünfte	111	112	113
gesellschaftliche Konsumtion	149	185	227
zwischengenossenschaftliche und zwischenbetriebliche Einrichtungen der Tierproduktion			
persönliche Einkünfte	105	107	111
gesellschaftliche Konsumtion	141	155	170
VEG (bezirksgeleitet)			
Arbeitseinkommen	105	108	111
gesellschaftliche Konsumtion	94	70	67

Tabelle 2
Die gesellschaftliche Konsumtion in landwirtschaftlichen Genossenschaften und ihren Einrichtungen, bezogen auf den Mittelwert je VbE 1973 bis 1976

Betriebsform	1973	1974	1975	1976
Mittelwert aller LPG, KAP, ZBE und ZGE	100	100	100	100
LPG Typ III	94	90	94	95
KAP und LPG der Pflanzenproduktion	88	93	97	102
zwischengenossenschaftliche und -betriebliche Einrichtungen der Tierproduktion	118	117	109	103

Die Differenziertheit in territorialer Hinsicht (zwischen den einzelnen Bezirken) sowie zwischen den unterschiedlichen Eigentumsformen (LPG und VEG) vermochte im untersuchten Zeitraum nicht beseitigt zu werden. Wird die durchschnittliche gesellschaftliche Konsumtion der KAP und LPG der Pflanzenproduktion der DDR gleich 100 gesetzt, ergeben sich für gleichgeartete Betriebe im Bezirk Schwerin 123, im Bezirk Gera aber nur 84. Ähnlich verhält es sich bei kooperativen Einrichtungen der Tierproduktion. Hier betrugen – bezogen auf den DDR-Durchschnitt (= 100) – die Werte für Schwerin 109 und für Gera 85. Wird schließlich die gesellschaftliche Konsumtion der VEG (bezirksgeleitet) jedes Jahres gleich 100 gesetzt, lauten die entsprechend darauf bezogenen Werte aller Genossenschaften und Einrichtungen der Pflanzen- und Tierproduktion 1973 16, 1974 23, 1975 37 und 1976 45. Damit wird auch deutlich, daß das Niveau der gesellschaftlichen Konsumtion – bezogen auf VbE – in den volkseigenen Gütern noch immer beträchtlich über dem der Genossenschaften liegt und meines Erachtens auch dann noch, wenn berücksichtigt wird, daß in den Genossenschaften der wirkliche Aufwand für die gesellschaftliche Konsumtion nicht exakt erfaßt wird. 1976 wurden an Kosten der Kontenklasse 7 (kulturelle und soziale Betreuung, sonstige Dienstleistungen) in den LPG und genossenschaftlichen Einrichtungen nur 7,7% der Beträge volkseigener Güter ausgewiesen. 1976 kamen in den Genossenschaften 4,8% der gesamten Zuführungen zum Kultur- und Sozialfonds aus dem Gewinn. Diese Zuführung aus dem Gewinn wurde in den letzten Jahren trotz gegenläufiger Entwicklung von Bruttoeinkommen, Akkumulation und Gewinn erhöht. Aus den dargelegten Entwicklungstendenzen und -problemen sollten sich folgende Konsequenzen[2] ergeben:

1. Eine zielstrebige Leitung und Planung der sozialökonomischen Entwicklungsprozesse bedingt einen exakten Ausweis der für die betriebliche Betreuung erforderlichen bzw. verausgabten Mittel in LPG und kooperativen Einrichtungen analog der Anlage 2 zum Jahresabschluß für volkseigene Betriebe.

2. Im Sinne einer exakten Rechnungsführung sind die Ausgaben der kulturellen und sozialen Betreuung genau festzulegen, die als Selbstkosten zu zählen sind, z. B. die planmäßigen Zuführungen zum Kultur- und Sozialfonds. Diese Zuführungen zum Kultur- und Sozialfonds sind von den staatlichen Organen als Orientierungsgröße für die jährlichen Steigerungsraten vorzugeben. Als Grundlagen können die bisherigen Erfahrungswerte und Richtwerte für einzelne Vorhaben der kulturellen und sozialen Betreuung dienen.

3. Schrittweise sollte die gegenwärtig noch vorhandene Differenzierung der bereitgestellten gesellschaftlichen Konsumtionsfonds für die Gestaltung der Arbeits- und Lebensbedingungen abgebaut werden. Hierbei könnten differenzierte jährliche Steigerungsraten als Vorgaben der staatlichen Organe, die die unterschiedlichen Ausgangsbedingungen der Betriebe berücksichtigen, Anwendung finden.

Diese drei Empfehlungen zu erfüllen wird nicht einfach sein und umfangreiche weitere Arbeiten, vor allem bei der Quantifizierung der einzelnen Faktoren der kulturellen und sozialen Betreuung erfordern. Bereits bei der Ausstattung mit kulturellen und sozialen Einrichtungen bestehen von Betrieb zu Betrieb, von Gemeinde zu Gemeinde und auch von Gemeindeverband zu Gemeindeverband große Unterschiede.

Selbst bei Investitionen der sozialistischen Landwirtschaft gibt es zur Zeit für die dabei für den kulturellen und sozialen Bereich erforderlichen Aufwendungen keine verbindlichen Vorgaben.

Auf Grund der Untersuchungen von Hennig[3], der sich im Rahmen der genannten Forschungsvorhaben damit intensiver befaßte, konnte ein Anteil von 2,1% der Gesamtinvestitionsmittel, die für den kulturellen und sozialen Bereich Verwendung fanden, ermittelt werden. Die Analyse erfolgte an Hand vorliegender Objektabrechnungen einer großen Anlage der Tierproduktion im Bezirk Leipzig und der an Hand vorhandener Nutzung erfaßten Inanspruchnahme der Geschoßgrundfläche für kulturelle und soziale Zwecke.

Hierbei fanden folgende Aufwendungen Berücksichtigung: die Errichtung sozialer Einrichtungen, drei Klubräume, Arztsprech- und Wartezimmer, Wohnräume für Lehrlinge und Praktikanten. Der Betrieb verfügt über keine eigenen Wohnungen für seine Betriebsangehörigen.

---

[2] Hennig, Analyse ausgewählter sozialökonomischer Entwicklungsprozesse in der sozialistischen Landwirtschaft der DDR, Leipzig 1978 (unveröffentlichtes Manuskript), S. 15.

[3] Ebenda, S. 18.

Den gesamten Investitionsaufwand für kulturelle und soziale Zwecke gleich 100 gesetzt, betrug der Anteil für

soziale Einrichtungen	79%
kulturelle Einrichtungen	5%
medizinische Einrichtungen	1%
Wohnräume für Lehrlinge und Praktikanten	15%
Einrichtungen für kulturelle und soziale Zwecke	insgesamt 100%

Auch wenn verallgemeinernde Aussagen zum Investitionsaufwand an Hand der begrenzten Untersuchung nicht getroffen werden können, ist doch auch die Aufgliederung des Aufwandes für die sozialen Einrichtungen auf die einzelnen Bereiche interessant. Es entfielen auf

Küche (einschl. Nebenräume)	23%
Speiseräume	16%
Sanitär- und Umkleideräume	33%
Frauenruhe- und Frisierraum	1%
Ausstattung obiger Räume	9%
Kinderkrippe	5%
Ferienobjekt	10%
Weg- u. Parkplatzbefestigung	3%
	100%

Im Interesse genereller Aussagen zu sozialen Entwicklungsprozessen beim Übergang zu industriemäßigen Produktionsmethoden werden weitere Untersuchungen durchgeführt.

Insgesamt kann festgestellt werden, daß die mit dem Übergang zu industriemäßiger Produktion verbundenen gesellschaftlichen Prozesse im Interesse der Entwicklung der sozialistischen Lebensweise auf dem Land effektiver zu leiten und zu planen sind.

Eine so verstandene zielstrebige Weiterentwicklung der Leitung und Planung sozialökonomischer Entwicklungsprozesse umfaßt:

erstens die Notwendigkeit, auf der Grundlage der Beschlüsse der Sozialistischen Einheitspartei Deutschlands *langfristig* orientierte Zielstellungen in Übereinstimmung mit der Planung sozialer Prozesse zu formulieren;

zweitens die Berücksichtigung der Wechselbeziehungen zwischen steigender Effektivität des gesellschaftlichen Arbeitsprozesses und sozialem Fortschritt;

drittens eine Verbesserung der quantitativen und qualitativen Analyse der sozialökonomischen Entwicklungsprozesse in der sozialistischen Landwirtschaft. Sie wird bedingt durch die Forderung, die Kompliziertheit der gesellschaftlichen Entwicklung immer umfassender zu beherrschen;

viertens eine weitgehende Vereinheitlichung der Planung sozialökonomischer Entwicklungsprozesse im Betrieb und die umfassende Koordinierung ihrer Planung und Leitung auf betrieblicher und territorialer Ebene.

Die Berücksichtigung dieser Forderungen bei der weiteren Entwicklung der Planung sozialökonomischer Prozesse zielt auf eine planmäßige Beherrschung der Bedingungen ab, die dazu beitragen, die Arbeit als die wichtigste Sphäre des Lebens der Menschen immer besser den Wesensmerkmalen der entwickelten sozialistischen Gesellschaft entsprechend zu gestalten.

G. Knobloch

Zu ökonomischen Proportionen des Agrar-Industrie-Komplexes im volkswirtschaftlichen Reproduktionsprozeß

Ergänzend zu den Ausführungen der Genossen Sachse und Lietz soll auf einige ökonomische Proportionen des Agrar-Industrie-Komplexes im volkswirtschaftlichen Reproduktionsprozeß hingewiesen werden. Sie geben zu erkennen, welche große Bedeutung der Agrar-Industrie-Komplex und die Intensivierung seiner Reproduktion für das weitere Wachstum der Volkswirtschaft hat und bekräftigen eine Reihe in der Diskussion schon dargelegter Aufgaben. Die quantitativen Größenverhältnisse volkswirtschaftlicher Proportionen treten natürlich stets in einem untrennbaren Zusammenhang mit den qualitativen Wachstumsfaktoren auf und dürfen nie losgelöst von diesen betrachtet werden. Für den Agrar-Industrie-Komplex ist es charakteristisch, daß er besonders diejenigen volkswirtschaftlichen Reproduktionsbedingungen und Wachstumsfaktoren umfaßt, die sich bei der erweiterten Reproduktion der Produktivkräfte und Produktionsverhältnisse im Sozialismus qualitativ und quantitativ am stärksten veränderten, bei denen sowohl in sozialökonomischer als auch in technisch-ökonomischer Hinsicht zweifellos die größten Umwälzungen stattfanden und auch weiterhin noch vor sich gehen werden. Dazu gehört vor allem der Übergang zur maschinellen Großproduktion in der Landwirtschaft, der sich in wechselseitiger Verbindung mit der Festigung und Weiterentwicklung des genossenschaftlichen sozialistischen Eigentums vollzog und mit dem die entscheidenden Schritte zur Überwindung der historisch bedingten Rückständigkeit der Landwirtschaft gegenüber der Industrie getan wurden. Zu den großen Errungenschaften gehört in diesem Zusammenhang die ständig wachsende, insbesondere auch qualitativ bessere Befriedigung des Ernährungsbedürfnisses als dem elementarsten Lebensbedürfnis der Menschen.

Welche bedeutenden ökonomischen Veränderungen für die gesellschaftliche Gesamtarbeit sich durch die Entwicklung der Landwirtschaft in der DDR ergaben, wird daran deutlich, daß heute im Bereich Land- und Forstwirtschaft nur noch reichlich halb so viel Menschen tätig sind wie zwei Jahrzehnte zuvor (1955 rd. 1,7 Mio, 1976 878 000).[1] Geht man von den Angaben der RGW-Statistik aus, dann hat sich zur gleichen Zeit die Bruttoproduktion der Landwirtschaft um mehr als 40 Prozent vergrößert, darunter die tierische Produktion sogar fast um 80%.[2] Nach diesen Relationen wäre die Arbeitsproduktivität der Landwirtschaft innerhalb zweier Jahrzehnte auf etwa das 2,7fache gestiegen. Das sind im Durchschnitt pro Jahr immerhin rd. 5% Produktivitätszuwachs (die Lebensmittelindustrie erreichte demgegenüber „nur“ knappe 4½%[3]).

---

1 Statistisches Jahrbuch der DDR 1977, Berlin 1977, S. 16.

2 Statističeskij ežegodnik stran-členov SĖV, Moskva 1973, S. 24 (Indexzahlen für 1955) und Statističeskij ežegodnik stran-členov SĖV, Moskva 1977, S. 31 (Indexzahlen für 1976).

3 Nach dem Produktivitätsindex je Arbeiter und Angestellter, vgl. Statistisches Jahrbuch der DDR 1977, Berlin 1977, S. 131.

Es wäre jedoch falsch, daraus zu schließen, daß im Maße der Arbeitsproduktivitätssteigerung sich auch der volkswirtschaftliche Aufwand für die Lebensmittelproduktion verringert hätte. Es darf nicht übersehen werden, daß mit der Arbeitsproduktivitätssteigerung gesetzmäßig der Anteil der vergegenständlichten Arbeit gegenüber der lebendigen zunimmt, daß sich somit der volkswirtschaftliche Verflechtungsgrad der Agrar- und Lebensmittelproduktion erhöht und daß an den Reproduktionsaufwendungen für die Ernährungsbedürfnisse zunehmend andere Volkswirtschaftsbereiche, vor allem auch Zweige der Schwerindustrie, beteiligt werden. Auf diese Weise wird die intensiv erweiterte Reproduktion der Land- und Nahrungsgüterwirtschaft heute immer mehr zu einem gesamtvolkswirtschaftlichen Problem, das stärker oder schwächer nahezu alle Bereiche und Zweige der materiellen Produktion berührt. So haben sich beispielsweise die Grundfonds der Landwirtschaft in den reichlich zwei Jahrzehnten von 1955 bis 1976 etwa auf das Dreifache vergrößert; parallel dazu natürlich auch der Ersatzbedarf für Bauten, Ausrüstungen und Transportmittel, der insbesondere vom Maschinenbau und von der Bauwirtschaft zu decken ist. Der Verbrauch von Düngemitteln sowie Pflanzenschutz- und Schädlingsbekämpfungsmitteln aus der chemischen Industrie wuchs ebenfalls um ein mehrfaches schneller als die landwirtschaftliche Produktion. Noch mehr trifft das für den Verbrauch von Elektroenergie zu, der heute fast sechsmal so groß als Mitte der fünfziger Jahre war.[4]

Diese und andere Faktoren bewirkten, daß die Befriedigung der Ernährungsbedürfnisse in der DDR auch heute noch außerordentlich hohe Anteile der materiellen Produktion und damit auch des gesellschaftlichen Arbeitsvermögens beansprucht, obwohl während der vergangenen zwei Jahrzehnte die Arbeitsproduktivität in der Landwirtschaft bedeutend gestiegen ist. Im Rahmen von interdisziplinären Forschungsarbeiten, die von uns bisher besonders mit dem Zentralinstitut für Ernährung durchgeführt wurden, erfolgten Untersuchungen des Standes und der Entwicklung der volkswirtschaftlichen Reproduktionsaufwendungen für den Ernährungskomplex, wobei vor allem die volkswirtschaftliche Verflechtungsbilanz der DDR ausgewertet wurde. Auf die wichtigsten Erkenntnisse hierzu wurde schon des öfteren hingewiesen, und sie dürften deshalb auch bekannt sein. Das bezieht sich vor allem auf die Tatsache, daß rd. 45% der gesamten Erzeugung, 42% der Arbeitskräfte sowie 40% der Produktionsgrundfonds der materiellen Produktion in der DDR direkt und indirekt für den Ernährungskomplex beansprucht werden.[5] Wenn in dem der Beratung vorgelegten Zahlenmaterial sowie in den Ausführungen von Genossen Sachse niedrigere Anteile genannt werden, so liegt das meines Erachtens daran, daß in diesen Kennziffern unter anderem die Investitionen sowie die Importäquivalente nicht enthalten sind; außerdem umfassen die Kennziffern für den Ernährungskomplex auch noch die Leistungen des Handels und der gesellschaftlichen Speisenwirtschaft.

Hier soll nun noch auf einige weitere interessante Erkenntnisse dieser Untersuchungen hingewiesen werden. Sie beziehen sich zwar auf den Ernährungskomplex, aber der volkswirtschaftliche Agrar-Industrie-Komplex bildet seinen Hauptinhalt, so daß ungeachtet von strittigen Abgrenzungsproblemen diese Aussagen auch für den Agrar-Industrie-Komplex zutreffend sein dürften. Die Berechnungen und Analysen über den Ernährungskomplex anhand der volkswirtschaftlichen Verflechtungsbilanz decken interessante ökonomische Proportionen auf, die die volkswirtschaftliche Größenordnung und Tragweite

---

[4] Nach Angaben der Statistischen Jahrbücher der DDR.

von Intensivierungsmaßnahmen in der Land- und Nahrungsgüterwirtschaft verdeutlichen sowie neue Problemstellungen für weitere Untersuchungen anzeigen. Auf drei Gesichtspunkte, die sich aus solchen Proportionen ergeben, wäre dabei besonders aufmerksam zu machen:

1. Das gesellschaftliche Gesamtprodukt, das insgesamt in der Volkswirtschaft der DDR direkt und indirekt die Ernährungsbedürfnisse der Bevölkerung befriedigt, besteht dem Wertumfang nach nur zu etwas mehr als der Hälfte aus Produkten der Landwirtschaft und Lebensmittelindustrie. Ein fast ebenso großes Wertvolumen des gesellschaftlichen Gesamtprodukts, wird von anderen Zweigen und Bereichen der materiellen Produktion – der Schwer- und Leichtindustrie (einschl. der Energie- und Brennstoffindustrie), des Bauwesens, des Verkehrs- und Nachrichtenwesens sowie des Handels – für den Ernährungskomplex erbracht. Im Zuge der weiteren Mechanisierung, Chemisierung, Elektrifizierung und anderer Prozesse des wissenschaftlich-technischen Fortschritts in der Land- und Nahrungsgüterwirtschaft wird dieses Volumen seinen Anteil noch erhöhen. Das läßt erkennen, wie stark heute schon die Entwicklung des Agrar-Industrie-Komplexes zu einer gesamtvolkswirtschaftlichen Angelegenheit geworden ist und welche weitverzweigten volkswirtschaftlichen Wechselwirkungen bei der weiteren Intensivierung der Land- und Nahrungsgüterwirtschaft in Betracht zu ziehen sind.

2. Noch mehr zeigt sich der hohe Verflechtungsgrad der Reproduktionsprozesse des Agrar-Industrie-Komplexes bei den Investitionen. Neben den Investitionen, die unmittelbar in der Lebensmittelindustrie und Landwirtschaft getätigt werden, ist ein wertmäßig sogar noch größeres Volumen an Investitionen zu berücksichtigen, das in den anderen Zweigen der materiellen Produktion notwendigerweise, jedoch mittelbar – über die verschiedensten Produktionsverflechtungen – zur erweiterten Reproduktion des Ernährungskomplexes und damit ebenso auch für die Entwicklung des Agrar-Industrie-Komplexes einzusetzen ist. Es muß zur Zeit mit einem besonders schnellen Wachstum dieser „unsichtbaren“ Investitionen gerechnet werden, denn diese mittelbaren Investitionen entstehen vor allem infolge des indirekten Materialbedarfs, der mit dem beschleunigten wissenschaftlich-technischen Fortschritt und der verstärkten Substitution der lebendigen Arbeit nicht nur in der Landwirtschaft und Nahrungsgüterwirtschaft, sondern beispielsweise auch im Landmaschinenbau, in der chemischen Industrie sowie bei den vielen anderen Produktionsmittel-Lieferanten für den Agrar-Industrie-Komplex außerordentlich stark wächst. Dieses schnellere Wachstum der mittelbaren Investitionen für den Agrar-Industrie-Komplex ist ein sehr wichtiger Aspekt für Investitionsentscheidungen im Zusammenhang mit der Entwicklung des Agrar-Industrie-Komplexes, der jederzeit ausreichend berücksichtigt werden muß, um Disproportionen im Wachstum zu vermeiden.

3. Dem Verwendungszweck nach besteht der gesamte Produktionsaufwand für den Ernährungskomplex, ebenfalls wertmäßig betrachtet, zu einem reichlichen Drittel aus volkswirtschaftlichen Enderzeugnissen, die sich wiederum zu etwa drei Vierteln aus Konsumtionsmitteln zusammensetzen. Der wesentlich größere Teil – knapp zwei Drittel der Gesamterzeugung für den Ernährungskomplex – ist Material, an dessen Produktion auf Grund der weitverzweigten indirekten Verflechtungen nahezu alle Zweige und Bereiche, die in der Volkswirtschaft materielle Güter oder Dienste produzieren, beteiligt sind. Das weist auf die erstrangige Rolle hin, die die Materialökonomie bei der weiteren Intensivierung in der Land- und Nahrungsgüterwirtschaft spielt.

In dieser Hinsicht muß sich die Aufmerksamkeit stärker auf das Problem der relativ hohen Stoff- und Energieabfälle und die relativ niedrigen stofflich-energetischen Wirkungsgrade richten, die in den Stufenprozessen der Nahrungsgüterproduktion für die Enderzeugnisse entstehen. Bekanntlich kommen von den energetischen Stoffen, die in den Anfangsstufen der Agrarproduktion eingesetzt werden, durchschnittlich nur noch etwa 15–20% in den Konsumgütern zur Wirkung – oder anders ausgedrückt: Die zu konsumierenden Nahrungsgüter erfordern ihrem Energiegehalt nach, daß zu ihrer Produktion primäre Rohstoffe, die das Fünf- und Mehrfache dieser Energiemenge ausmachen, zur Verfügung stehen. Die übrigen mehr als 80% treten in den verschiedensten Formen als Abfall oder Verlust auf. Obwohl beispielsweise durch rationellere Fütterung in jüngster Zeit beachtliche Fortschritte in der Minderung dieser Verluste erreicht wurden, gibt es hier zweifellos noch sehr große Intensivierungsreserven. Für die weitere Intensivierung ist vor allem zu analysieren, wieviel gesellschaftliche Arbeit an diese in den verschiedensten Formen auftretenden Stoff- und Energieabfälle gebunden ist, welche Abfälle und Verluste tatsächlich auf Grund von Naturgesetzen und den gegebenen technologischen Bedingungen unvermeidbar sind, und welche Anteile noch durch rationellere Reproduktionsprozesse reduziert werden könnten. Angesichts der hohen Anteile gesellschaftlicher Arbeit, die die Stoff- und Energieabfälle binden, wäre beim heutigen technischen Entwicklungsstand sehr genau nachzuprüfen, ob nicht durch die weitere Durchsetzung von rationelleren Fütterungstechniken oder von Lager- und Trocknungstechniken, die die Ernteverluste einschränken und den Bedarf an pflanzlicher Produktion von vornherein reduzieren, größere volkswirtschaftliche Effekte möglich wären als durch die weitere Verbesserung der Erntetechnik, der Chemisierung, der Bewässerung, der Melioration und anderer Techniken in der Pflanzenproduktion, die zwar den unmittelbaren Produktionsaufwand senken, die Abfall- und Verlustquoten aber unverändert hoch reproduzieren.

Ein weiterer Gesichtspunkt zu dieser Problematik erscheint überlegenswert: Solange sich die Tiere noch auf der Weide nährten, produzierte die Natur die Futtermittel weitestgehend umsonst. Mit der zunehmenden Industrialisierung der tierischen Produktion wird aber auch die Futtermittelproduktion immer mehr zu einem Zweig der gesellschaftlichen Arbeit. Damit werden aber auch die Stoffumwandlungsverluste in der tierischen Produktion immer mehr zu einem wichtigen volkswirtschaftlichen Reproduktionsproblem – gleichgültig, ob diese Verluste unvermeidbares Naturgesetz oder ob sie noch reduzierbar sind. Die Reproduktion erfordert jetzt zunehmend zusätzliche gesellschaftliche Aufwendungen. Ähnliches trifft auch für die schon oft angesprochene Gülleverwertung zu, die früher ebenfalls größtenteils unentgeltlich durch die Natur erfolgte. Vielleicht sind es gerade die zuletzt genannten Prozesse, die zusammen mit noch anderen Faktoren einige bemerkenswerte, in jüngster Zeit auftretende Wachstumstendenzen hervorgerufen haben, auf die abschließend noch kurz eingegangen werden soll. Die Tabelle 1 bringt sie zahlenmäßig zum Ausdruck. Bei diesen Analysen wurden hauptsächlich Durchschnittszahlen der Fünfjahr-Perioden von 1971 bis 1975 gegenüber 1966 bis 1970 zugrunde gelegt, so daß jährlich Schwankungen weitgehend ausgeschlossen und meines Erachtens bestimmte längerfristige Tendenzen zu erkennen sind. Es handelt sich vor allem um folgende:

– Der Einzelhandelsumsatz an hochwertigen Nahrungs- und Genußmitteln wächst schneller als der mengenmäßige Pro-Kopf-Verbrauch der Bevölkerung an den wichtigsten Nahrungsgütern. Ersichtlich ist das schnellere wertmäßige Umsatzwachstum gegenüber dem Energie- oder Eiweißgehalt der verbrauchten Lebensmittel.

– Die Produktion der Lebensmittelindustrie sowie der tierischen Produktion der Landwirtschaft steigt wiederum schneller als der Einzelhandelsumsatz an Nahrungs- und Genußmitteln.

– Noch schneller als die Produktion wachsen die dafür eingesetzten Grundfonds sowie die Investitionen zu deren Reproduktion.

Tabelle 1

Ausgewählte ökonomische Kennziffern des Ernährungskomplexes der DDR (durchschnittliches prozentuales Wachstum im Zeitraum von 1966/70 bis 1971/75)

Lebensmittelverbrauch pro Kopf der Bevölkerung (mengenmäßig):		
Kalorien	101	
Fett	102	
Eiweiß	105	
Frischobst, -gemüse, Südfrüchte	109	
Fleisch	116	
Einzelhandelsumsatz (wertmäßig, effektive Preise):		
Nahrungsmittel	118	
Genußmittel	126	
Lebensmittel zusammen	121	
Produktion: (wertmäßig, konstante Preise):		
Nettoprodukt		
Landwirtschaft	108	
Bruttoproduktion		
Landwirtschaft insg.	115*	
pflanzliche Produktion	102*	
tierische Produktion	125*	
Bruttoproduktion		
Lebensmittelindustrie	129	
Produktionsgrundfonds (wertmäßig, konstante Preise):		
Landwirtschaft	128	
Lebensmittelindustrie	135	
zusammen	130	
Investitionen (wertmäßig, konstante Preise):		
Landwirtschaft	121	
Lebensmittelindustrie	140	
zusammen	124	
Materialverbrauch (mengenmäßig):		
Düngemittel (Nährstoff)	119	
(darunter Stickstoff)	(139)	
Pflanzenschutzmittel	146	
Elektroenergie		
Landwirtschaft	164	178*
Lebensmittelindustrie	.	144*
zusammen	.	164*

* Wachstum 1975 zu 1970

Quelle: Statistisches Jahrbuch der DDR 1977, Statistisches Jahrbuch des RGW 1976

– Wichtige materielle Aufwendungen wie beispielsweise Düngemittel (darunter vor allem Stickstoffdünger), Pflanzenschutzmittel, Elektroenergie, Kraftstoffe, Ersatzteile usw. entwickeln sich ebenfalls erheblich schneller als die Produktion.

Es wäre jetzt noch zu verfrüht, aus diesen Wachstumsraten unbedingt auf tendenziell steigende Reproduktionsaufwendungen für die Ernährungsbedürfnisse zu schließen; dafür sind diese Prozesse noch zu wenig untersucht. Neben den bereits genannten Faktoren kommt hier zweifellos auch noch der Übergang zu hochwertigen, höherveredelten Nahrungsgütern im Lebensmittelkonsum zur Wirkung, auch weitere Nahrungsgüterexporte dürften eine Rolle spielen. Die hier gezeigten Tendenzen der Aufwandsentwicklung für den Ernährungskomplex müßten aber Anlaß genug sein, die Analysen zu vertiefen und zu verbreitern. Bei solchen Untersuchungen wären noch weitere Problemkreise in Betracht zu ziehen, auf die nicht mehr näher eingegangen werden kann. Das betrifft besonders den Zusammenhang des Ernährungskomplexes mit den aktuellen Reproduktionsproblemen des Naturpotentials, bei denen neben den Fragen der Flächennutzung die Probleme der Belastung der natürlichen Umwelt mit Abprodukten und Schadstoffen außerordentlich an Bedeutung gewinnen. Ein weiterer Problemkreis ist der Zusammenhang des Ernährungskomplexes mit anderen Bedürfniskomplexen, vor allem mit dem Gesundheitswesen, das heute in einem volkswirtschaftlich beachtlichen Größenumfang gleichfalls beschleunigt wachsende Aufwendungen verursacht, die zu einem nicht unbedeutenden Teil mit dem Ernährungskomplex zusammenhängen.

Angesichts des großen volkswirtschaftlichen Gewichts der Reproduktionsaufwendungen für den Ernährungskomplex lassen sich wesentliche Fortschritte in der Erhöhung der volkswirtschaftlichen Effektivität der gesellschaftlichen Gesamtarbeit in der DDR nur dann verwirklichen, wenn auch der volkswirtschaftliche Reproduktionsaufwand für den Ernährungskomplex spürbar verringert werden kann. Berücksichtigt man die volle Auslastung des gesellschaftlichen Arbeitsvermögens sowie des gesamten Produktionspotentials in der DDR unter den gegenwärtigen Bedingungen, so ist festzustellen, daß die immer bessere Befriedigung der heute schneller wachsenden anderen Bedürfnisse sogar in einem entscheidenden Maße davon abhängt, wie der volkswirtschaftliche Reproduktionsaufwand für den Ernährungskomplex gesenkt werden kann. Auf diese grundlegenden volkswirtschaftlichen Erfordernisse müssen letzten Endes alle Intensivierungs- und Rationalisierungsmaßnahmen bei der Herausbildung des volkswirtschaftlichen Agrar-Industrie-Komplexes gerichtet sein.

---

[5] Nach Berechnungen im Zentralinstitut für Wirtschaftswissenschaften anhand der volkswirtschaftlichen Verflechtungsbilanz der DDR 1972. Bis heute haben sich die Größenordnungen dieser und der weiterhin noch genannten Proportionen nur unwesentlich geändert.

H. Mainz

Ausgewählte Probleme der Mechanisierung der Landwirtschaft bei der weiteren komplexen Intensivierung und dem planmäßigen Übergang zu industriemäßigen Produktionsmethoden

Der Leninsche Grundsatz, daß die maschinelle Großindustrie die einzige ökonomische Grundlage für den Sozialismus ist, erfordert, die landwirtschaftliche Produktion Schritt für Schritt in eine Art industrielle Produktion umzugestalten. Dieser heute zu gestaltende Prozeß verbindet sich unmittelbar mit der weiteren sozialistischen Intensivierung der Landwirtschaft, bestimmt vom Entwicklungsstand der Produktivkräfte und dem Reifegrad der sozialistischen Produktionsverhältnisse. Dabei wird die Komplexität des Intensivierungsprozesses durch die Vielzahl herangereifter Bedingungen verstärkt in den Mittelpunkt gerückt: „Entschiedener sind überall die qualitativen Wachstumsfaktoren der Produktion, der Effektivität und der Arbeitsproduktivität in den Mittelpunkt der Leitung und Planung zu rücken."[1]

I.

Einer der maßgeblichen Faktoren der Intensivierung ist die komplexe Mechanisierung, die in wechselseitiger Verflechtung und Bedingtheit mit weiteren entscheidenden Faktoren zu meistern ist. Sie nimmt als eine der Grundrichtungen des wissenschaftlich-technischen Fortschritts eine Schlüsselstellung beim Übergang zu industriemäßigen Produktionsmethoden ein. Folgende wichtige Aufgaben der Gegenwart und der Zukunft sind zu lösen:

1. Die komplexe Mechanisierung muß entscheidend zur kontinuierlichen Steigerung und Stabilisierung des Ertragsniveaus in der Pflanzen- und Tierproduktion, zur Erhöhung der Qualität der Erzeugnisse und zur Gestaltung einer verlustarmen Produktion beitragen. Entsprechend der Aufgabenstellung des IX. Parteitages der SED wird in der DDR aus der weiteren komplexen Mechanisierung eine Produktionssteigerung zwischen 25 bis 35% in der nächsten Etappe erwartet.

In sowjetischen Ausarbeitungen wird der Anteil bei der Erhöhung der Ernteerträge im Durchschnitt der UdSSR in der Perspektive durch wichtige Maßnahmen des wissenschaftlich-technischen Fortschritts folgendermaßen eingeschätzt: Düngung 40 bis 50%, Einführung ertragreicher Sorten 20 bis 25%, Verbesserung des Pflanzenschutzes – Vervollkommnung der Anbautechnologie – Erhöhung des Mechanisierungsgrades – Verbesserung der Standortverteilung der Kulturen – Intensivfruchtfolgen 20 bis 25%, Meliorationen 10 bis 15%.[2]

---

[1] G. Grüneberg, Der Leninsche Genossenschaftsplan – Fundament der Agrar- und Bündnispolitik der SED, in: Einheit, 10/11/1977, S. 1171.

[2] Vgl. G. M. Loza, I. V. Kurcev, Perspektivy naučno-techničeskogo progressa sel'skochozjajstvennogo proizvodstva, in: Vestnik sel'skochoz. Nauki, Moskva, 8/1978, S. 85/95.

Bedeutsame Anforderungen sind gestellt bei der Bereitstellung hochleistungsfähiger Maschinen in Maschinensystemen zur Erhöhung der Effektivität, zur Bereitstellung entsprechender Leistungseinheiten je Arbeitskraft, der Einsparung von Arbeitszeit, insbesondere in den für die Landwirtschaft typischen Arbeitsspitzen, und der Einsparung von Arbeitsplätzen. Eine planmäßige Erhöhung der Arbeitsproduktivität ist zu erreichen.

2. Die eingesetzten landtechnischen Arbeitsmittel müssen sich als Gerät oder Maschine, als Bestandteil eines Teilmaschinen- oder Maschinensystems auszeichnen durch hohe Sicherheit im Einsatz, also hohe Verfügbarkeit, da aus der Sicht günstigster agrotechnischer Termine jede beispielsweise zu spät durchgeführte agrotechnische Maßnahme oder Verlängerung von Erntekampagnen zu unvertretbaren Verlusten und Qualitätseinbußen führt. Gleichzeitig sind auch erschwerte Erntebedingungen zu meistern, da die Pflanzenproduktion unter vielfältigsten Witterungsbedingungen auch bei ungünstigem Wetter einen effektiven Einsatz moderner Technik bei der Sicherung hoher Erträge fordert. Ebenso stellen die Tatsache, daß die landwirtschaftliche Produktion sich mit lebenden Organismen vollzieht, und die Erhaltung und Steigerung der Bodenfruchtbarkeit diesbezüglich eindeutige Anforderungen.

3. Größere Anstrengungen sind notwendig zur Erhöhung der Effektivität der Grundfonds, bei der Ausnutzung und Auslastung im Sinne des effektivsten Einsatzes im mehrschichtigen, komplexen Einsatz. Volle Aufmerksamkeit muß also neben den Fragen der Verbesserung der Materialökonomie unter besonderer Beachtung eines rationellen Energieeinsatzes den Problemen der Erweiterung, Erneuerung, Aussonderung, Instandhaltung und der Effektivität beim Einsatz der Technik gewidmet werden. Ausgangspunkt dabei muß die Erhöhung der Qualität der Erzeugnisse des Maschinenbaus sein, um dafür entsprechende Voraussetzungen zu schaffen. Erhöhung der Qualität der Baugruppen und Ersatzteile, Verbesserung der Ersatzteilversorgung zur Erhöhung der Betriebssicherheit der Maschinen und hohe Anstrengungen für die Pflege und Wartung, für Abstellung und Konservierung der Technik in den Landwirtschaftsbetrieben sowie hohe Qualität im Instandsetzungsprozeß bestimmen entscheidend die Verfügbarkeit.

4. Die komplexe Mechanisierung muß eine weitere Verbesserung der Arbeitsbedingungen durch entsprechende Gestaltung der technischen Arbeitsmittel bringen. Unser Ziel, immer mehr Frauen als Mechanisatoren in der Pflanzenproduktion zu gewinnen, erfordert dies als Voraussetzung zugleich zur Einhaltung der Erfordernisse des Arbeits-, Gesundheits- und Brandschutzes sowie der Arbeitshygiene.

Gleiches gilt für die Aufgabenstellung in der Tierproduktion bei der weiteren Rekonstruktion und Rationalisierung vorhandener älterer und noch länger zu nutzender Stallanlagen, um nicht nur die Arbeitsproduktivität wesentlich zu steigern, sondern auch den Anteil an Arbeitsplätzen entscheidend zu vermindern, die heute noch schwere Handarbeit erfordern.

Aus diesen Zielstellungen der weiteren Mechanisierung ergeben sich eindeutige Anforderungen und Aufgaben für die Weiterentwicklung, Vervollkommnung sowie Neuentwicklung von Produktions- und Arbeitsverfahren der Pflanzen- und Tierproduktion, für die dabei angewendeten Maschinensysteme und für deren Bereitstellung durch die Landmaschinenindustrie und andere Industriezweige der DDR, durch Import von Maschinen und Ausrüstungen zur Schaffung der geforderten, kompletten Maschinensysteme und zur Schließung von Mechanisierungslücken über diesen Weg, über weitere Maßnahmen der Mechanisierung und über die Produktion von Rationalisierungsmitteln. Trotz verstärkter Rekonstruktionsmaßnahmen beispielsweise in der Tierproduktion ist auch für die Zukunft eine wesentliche Erhöhung des Mechanisierungsgrades, insbesondere für die Prozeßabschnitte Fütterung, Entmistung und Milchgewinnung zur weiteren Erhöhung der Arbeitsproduktivität und Verbesserung der Arbeitsbedingungen zu erreichen. Auf die Lösung des dringenden Problems der Bereitstellung neuer veterinärmedizinischer Technik entsprechend den Anforderungen moderner Tierproduktion sei hier verwiesen.

Daraus leiten sich konkrete Anforderungen an die Forschung, Entwicklung und Produktion von Mechanisierungsmitteln und von in entscheidenden Leistungs- und Qualitätsparametern abgestimmten Maschinensystemen ab. Auch der technologischen Forschung, insbesondere der Verfahrensentwicklung, sind mit der Aufgabe der weiteren Durchsetzung der komplexen Mechanisierung zusammenhängender technologischer Prozesse bis hin zur Verarbeitung landwirtschaftlicher Produkte neue Aufgaben gestellt. Geplante Ertragssteigerungen der Pflanzenproduktion erfordern neue hochleistungsfähige Mechanisierungsmittel für die Bodenbearbeitung in Verbindung mit den bereits vorhandenen und künftig entstehenden wesentlich leistungsstärkeren Traktoren. So werden 1980 3,6 Mio ha, das sind 70% der jährlichen Pflügefläche, mit Traktoren der 50-kN-Klasse mit rund 3000 dazu erforderlichen Pflügen gepflügt werden. Das brachte beispielsweise die Entwicklung eines Gelenkpfluges mit einer hohen Bodenanpassung vom Typ B 550, der im Gegensatz zum bisherigen B 501 (auf 15% der Ackerflächen der DDR einsetzbar) auf 70% der Ackerfläche einsetzbar ist[3].

Für die Getreideproduktion mit dem künftigen Maschinensystem und der Schlüsselmaschine E 516 sind unter Berücksichtigung unterschiedlicher Reifezonen in der DDR künftig in etwa 18 bis 25 Einsatztagen ca. 3 Mio ha Druschfrüchte zu bergen. Dabei muß heute noch darauf geachtet werden, daß nach Abschluß der Körnerbergung ohne Verzug das auf vielen Flächen noch verbleibende Stroh geerntet wird, um nicht nur Qualitätsminderungen für eine Verwendung als Futterstroh zur Pelletierung zu vermeiden, sondern auch die Behinderung der Nachfolgearbeiten, die nicht termingerechte Aussaat der Nachfrüchte und damit Ertragseinbußen. Die geforderten jährlichen Steigerungsraten der Arbeitsproduktivität in künftigen Getreideernteverfahren müssen entsprechend dem Beschluß des IX. Parteitages der SED (jährlich 6,0 bis 6,4%) bei unterstelltem Generationswechsel landtechnischer Arbeitsmittel in Größenordnungen von etwa zehn Jahren neue Verfahren für die Korn- und Strohernte mindestens einen Produktivitätszuwachs von 70 bis 80% gewährleisten.[4]

Hier sei auf den notwendigen und spürbaren Leistungsanstieg und die Einsatzsicherheit der gegebenen und neu zuzuführenden Transport-, Umschlag- und Lagertechnik verwiesen, da damit entscheidend die Effektivität beeinflußt wird.

II.

Entsprechend der Leninschen Analyse der landwirtschaftlichen Verhältnisse bedeuten „Kapitalinvestitionen im Boden ... technische Veränderungen in der Landwirtschaft, ihre Intensivierung, Übergang zu höheren Systemen des Feldbaus, stärkerer Gebrauch künstlicher Düngemittel, Vervollkommnung der Geräte und Maschinen, ihre zunehmende

---

[3] C. Scholwin, Neue Aktivitäten der Landmaschinenbauer – ein Beitrag zur Erhöhung der Bodenfruchtbarkeit, in: agrartechnik, 6/1978, S. 42.

[4] G. Listner, Einige Anforderungen an zukünftige Getreideernteverfahren, in: agrartechnik, 9/1978, S. 403–406.

Anwendung ..."[5] Daraus wird deutlich, daß er im wissenschaftlich-technischen Fortschritt den Hauptfaktor der Intensivierung der Landwirtschaft bei Beachtung der drei Besonderheiten der landwirtschaftlichen Produktion sah. Für Forschung, Entwicklung, Produktion und effektiven Einsatz der Mechanisierungsmittel bedeutet das: Schaffung und planmäßige Weiterentwicklung der Teilmaschinen- und Maschinensysteme durch Bereitstellung neuer Maschinen und Geräte aus eigener Produktion, aus dem Import sowie zur Komplettierung bereits im Einsatz befindlicher Maschinensysteme durch Beseitigung der Mechanisierungslücken durch den Landmaschinen- und Rationalisierungsmittelbau. Nur über die komplexe Mechanisierung bei hoher Verfügbarkeit und hoher Schlagkraft der Technik in künftig kompletten Maschinensystemen sind die Aufgaben steigender landwirtschaftlicher Produktion mit geringerem Aufwand an lebendiger Arbeit zu erfüllen, da sich die Arbeitskräftesituation, speziell in den Hauptkampagnen der Pflanzenproduktion, weiter zuspitzt. Gleichzeitig schafft uns die komplexe Mechanisierung über den Einsatz hochleistungsfähiger Maschinensysteme nicht nur die materiell-technische Basis für eine industriemäßige Produktion, sondern auch objektive Grundlagen für den notwendigen Niveauanstieg der gesellschaftlichen Organisation der Produktion. Um so mehr ist es notwendig, weitere Forschungsarbeiten für die Entwicklung der Erkenntnisse zum Problem Stand und Ausarbeitung der Maschinensysteme, zur Fixierung und Abstimmung der internationalen Anforderungen bis zum Jahr 1990 einzusetzen und die Schwerpunkte auf Forschung, Entwicklung und Produktion kompletter einsatzfähiger Maschinensysteme zu richten, um die Forderung des IX. Parteitages der SED zu erfüllen, daß Schwerpunkt die komplexe Mechanisierung der wichtigsten Produktionsprozesse einschließlich Verarbeitung, Lagerung, Transport und Konservierung ist.[6]

Dabei ergeben sich bei der weiteren Erhöhung des Gebrauchswertes Probleme wie Unifizierung, Standardisierung, instandhaltungsgerechte Konstruktion, wie bereits ausgeführt, hohe technische Verfügbarkeit, aber auch die Beachtung der Entwicklungstendenzen der Meß-, Steuer- und Regelungstechnik, die für Forschung und Entwicklung sowohl für die Technik der Pflanzenproduktion wie auch der Tierproduktion bedeutungsvolle Aufgaben stellen.[7]

In der technischen Entwicklung ergibt sich die Tendenz, daß die weitere komplexe Mechanisierung verbunden ist mit einem steigenden Gesamtenergieaufwand, der bei allen Forschungs- und Entwicklungsarbeiten einschließlich der Anstrengungen der Praxis bei der Vorbereitung und Durchführung des Technikeinsatzes wichtige Aufgaben zur Senkung des spezifischen Energieaufwandes stellt. In der Pflanzenproduktion ergibt sich eine Veränderung zugunsten leistungsstarker sowjetischer Traktoren vom Typ K 701-A und T 150 K (220 bzw. 121 KW); weiterhin steigende Motorleistungen bei Traktoren und selbstfahrenden Erntemaschinen deuten sich an, woraus sich die Notwendigkeit der weiteren Vereinheitlichung energetischer Baugruppen mobiler Mechanisierungsmittel ergibt. Gleichzeitig rücken solche Traktoren die Frage der Auslastung der projektierten

---

[5] W. I. Lenin, Neue Daten über die Entwicklungsgesetze des Kapitalismus in der Landwirtschaft, in: Werke, Bd. 22, Berlin 1964, S. 53.

[6] Vgl. Bericht des Zentralkomitees der Sozialistischen Einheitspartei Deutschlands an den IX. Parteitag der SED, Berichterstatter: Genosse Erich Honecker, Berlin 1976, S. 63 und E. Honecker, Die Aufgaben der Partei bei der weiteren Verwirklichung der Beschlüsse des IX. Parteitages der SED, Berlin 1978, S. 46–49.

[7] Vgl. K. Algenstaedt, Kriterien des Gebrauchswerts von Landmaschinen, in: agrartechnik, 10/1978, S. 432–433.

Kapazität voll in den Vordergrund, da diese nur mit entsprechenden Anbaugeräten möglich wird. Vergrößerung der Arbeitsbreite und der Arbeitsgeschwindigkeit bieten neue Möglichkeiten, wobei die Arbeitsbreiten in entsprechenden Größenordnungen und die Regelung der Arbeitsgeschwindigkeit über Stufengetriebe Grenzen zur Auslastungserhöhung zeigen.

Neue Möglichkeiten zeigen sich durch automatische Leistungsanpassung, durch selbsttätige Gangschaltung entsprechender Abstufungen, durch automatische Lenkung, die bei Arbeitsgeschwindigkeiten über zehn Kilometer je Stunde für die Bedienungsperson erforderlich werden. Die notwendige automatische Kontrolle der Arbeit solcher Geräte bzw. Maschinenteile fordert zunehmend Automatisierungslösungen.

Mehrschichteinsatz und damit Arbeit in der Dunkelheit unterstreichen dies. Damit erzielbare Erhöhung der Arbeitsproduktivität geht einher und muß einhergehen mit Arbeitserleichterungen, verbessertem Arbeitsschutz, gesicherter hoher Qualität in Verbindung mit optimaler Auslastung und Ausnutzung der Technik. Es wird also eine weitere Aufgabe der Forschung sein, Arbeiten über Anwendungsmöglichkeiten und Bereiche des Einsatzes von Mikroprozessoren bzw. Mikrorechnern bei der Schaffung neuer Lösungen in modernen industriemäßigen Verfahren der Pflanzen- und Tierproduktion durchzuführen. Hier wird zunehmend die Arbeitskraft Überwachungsfunktionen ausüben, eine weitere und notwendige Objektivierung der Prozeßführung wird erreicht.

III.

Optimale Zuverlässigkeit und Instandhaltungseignung bestimmen wesentlich Wirtschaftlichkeit und Materialökonomie in der Mechanisierung. Höhere Grundfondsökonomie bei komplizierter werdenden Schlüsselmaschinen führt zur notwendig hohen Nutzung in mehreren Schichten, was wiederum den Instandhaltungsaufwand in der Pflanzenproduktion weiter wachsen läßt. Gezielte Maßnahmen der Pflege, Wartung, Abstellung, Konservierung landwirtschaftlicher Maschinen und der zunehmende Einsatz qualifizierter Bedienungskräfte müssen sich verbinden mit rationelleren Maßnahmen der Instandhaltung bei höherer Materialökonomie. Daraus folgt, daß neben Pflichten der Maschinenproduzenten die Durchsetzung einer ordnungsgemäßen Wartung und Pflege in den Betrieben der Pflanzen- und Tierproduktion größte aktuelle politische Bedeutung hat. Gegenwärtig werden ca. 40% der Verfahrenskosten in der Landwirtschaft durch die Instandhaltung verursacht. Dabei bestimmen durch gezielte Maßnahmen der Hersteller von Maschinen sowie der Projektant von Anlagen zu 60 bis 70% die notwendige Verringerung des Anteils der Instandhaltungskosten, und im Bereich der Instandhaltung selbst werden 30 bis 40% dieser durch Rationalisierung beeinflußt.[8]

Zuverlässigkeit und instandhaltungsgerechte Konstruktion sowie konstruktionsgerechte industriemäßige Instandhaltung zeigen die gemeinsame Verantwortung. Hauptsächliche gesellschaftliche Aufgabe der Kreisbetriebe für Landtechnik ist es deshalb, im Territorium eine echte Kooperation mit allen Betrieben der Landwirtschaft auf dem Gebiete der Instandhaltung herzustellen, um Grundlagen für eine abgestimmte rationelle und effektive Gestaltung aller Instandsetzungsprozesse zu schaffen. Rationelle Gestaltung der Technologie, Qualitätssicherung im Instandsetzungsprozeß und Erhöhung der Zuverlässigkeit stehen im Vordergrund.

---

[8] G. Ihle, Instandhaltungseignung und wirtschaftliche Nutzungsdauer landtechnischer Arbeitsmittel, Sitzung der Sektion Technologie und Mechanisierung der Akademie der Landwirtschaftswissenschaften der DDR, 3./4. 11. 1977 in Rostock (Unveröffentlichtes Vortragsmanuskript).

Eine entscheidende Frage der Verbesserung der Materialökonomie in diesem Prozeß ist die systematische Erhöhung der Einzelteilinstandsetzung. Nach sowjetischen Untersuchungen sind 65 bis 70% aller Einzelteile instandsetzungswürdig. Instandgesetzte Einzelteile erreichen im Mittel 80 bis 100% der Grenznutzungsdauer von neuen Teilen – bei Instandsetzungskosten unterhalb 75% des Neupreises und 50- bis 20mal geringerem Materialeinsatz als in der Neuproduktion. Außerdem ist der Investitionsaufwand bei der Schaffung von Instandsetzungskapazitäten für Einzelteile fünf- bis zehnmal geringer als für die Neuersatzteilproduktion.[9] Derzeit werden ca. 40% des gesamten Ersatzteilbedarfs aus der Einzelteilinstandsetzung im Bereich des landtechnischen Instandhaltungswesens gewonnen. Gezielte technologische Vorbereitung, Entwicklung und Überleitung hochproduktiver Verfahren sowie deren breite Anwendung, Schichtarbeit und Eigenfertigung von Rationalisierungsmitteln ermöglichen einen hohen Mechanisierungsgrad in diesem Prozeß und bieten sicher weitere Möglichkeiten in der Zukunft. Auch hier sei auf die enge Zusammenarbeit zwischen Maschinenhersteller und Instandsetzer bereits in der Phase der Forschung und Entwicklung verwiesen.[10]

Zusammenfassend ist zu betonen, wie das die 8. Tagung des ZK der SED unterstrich, daß die komplexe Mechanisierung eine bestimmende Stellung beim planmäßigen Übergang zu industriemäßigen Produktionsmethoden einnimmt. Komplexe Mechanisierung erfordert, die mit moderner Landtechnik und immer stärker auf wissenschaftlicher Grundlage produzierende Landwirtschaft künftig mit neuen Maschinen und durch Komplettierung der vorhandenen Maschinensysteme planmäßig weiter auszurüsten, die Maschinensysteme weiterzuentwickeln und neben dem Rationalisierungsmittelbau neue Maschinen vorzubereiten und für die landwirtschaftliche Produktion bereitzustellen. Damit werden wichtige Voraussetzungen für die planmäßige Vervollkommnung der materiell-technischen Basis zur Erzeugung pflanzlicher und tierischer Produkte geschaffen.

---

9 Ebenda.

10 Vgl. L. Schumann, Aufgaben der Landtechnischen Instandsetzungsbetriebe bei der Einzelteilinstandsetzung, in: agrartechnik, 1/1978, S. 31.

W. Ostwald

Zur Standortverteilung der Land- und Nahrungsgüterwirtschaft im Territorium der DDR

Bei der Land- und Nahrungsgüterwirtschaft zeigt sich deutlich, daß eine weitere Steigerung und Effektivitätserhöhung der Produktion von einer rationellen Standortverteilung der Produktivkräfte abhängt. Wir halten eine zunehmende Bedeutung der Standortverteilung der Produktivkräfte generell in der Volkswirtschaft für eine typische Erscheinung beim Übergang zum vorwiegend intensiven Typ der erweiterten Reproduktion. Das gilt für die Industrie, für das Bauwesen, für den Verkehr, und auch bei der Land- und Nahrungsgüterwirtschaft wird dieser Zusammenhang deutlich. Dieser zunehmende Stellenwert der Standortverteilung der Produktivkräfte unter den Bedingungen der Intensivierung hängt damit zusammen, daß in einer rationellen Organisation der wirtschaftlichen und sozialen Prozesse im Territorium Reserven bestehen. Deshalb fordert der Beschluß des IX. Parteitages der SED, das stabile Wachstumstempo der Produktion durch eine rationelle Standortverteilung der Produktivkräfte planmäßig zu unterstützen und die territorialen Ressourcen in allen Gebieten der DDR mit hoher Effektivität für die Steigerung der Produktion und die weitere Verbesserung der Lebensbedingungen zu nutzen.[1] Das Territorium, die Erde im Marxschen Sinne als gegenständliche Bedingung des Arbeitsprozesses, als allgemeinstes Arbeitsmittel, die dem Arbeiter den locus standi und seinem Prozeß den Wirkungsraum gibt[2], als großes Laboratorium, als Arsenal, das sowohl das Arbeitsmittel als auch Arbeitsmaterial sowie den Sitz, die Basis des Gemeinwesens liefert, erhält unter unseren Bedingungen der weiteren Gestaltung der entwickelten sozialistischen Gesellschaft für die Steigerung der Produktion und für die Entfaltung der sozialistischen Lebensweise immer größere Bedeutung. Die wichtigsten herangereiften Bedingungen dafür sind insbesondere das wachsende Potential der Gesellschaft, die Vergrößerung des Produktionsvolumens und des gesamten Nationalreichtums, die Entfaltung der Bedürfnisse und die damit einhergehende Vertiefung der Teilung und Verflechtung der gesellschaftlichen Arbeit. Die territoriale Teilung und Verflechtung der gesellschaftlichen Arbeit muß so ökonomisch effektiv und sozial wirksam sein, daß sie sowohl die volkswirtschaftliche Effektivität als auch die Effektivität in den Zweigen und Bereichen sowie die Effektivität in den Gebieten erhöht. Dieser Zusammenhang läßt sich anhand der Land- und Nahrungsgüterwirtschaft bereits nachweisen.

Eine rationelle territoriale Organisation der landwirtschaftlichen Produktionsprozesse ist zunächst wichtig für die Effektivität der Agrarproduktion selbst. Es gibt Beispiele, daß allein durch rationellere Standortverteilung der pflanzlichen und tierischen Produk-

[1] Vgl. Direktive des IX. Parteitages der SED zum Fünfjahrplan für die Entwicklung der Volkswirtschaft der DDR in den Jahren 1976–1980, Berlin 1976, S. 114.

[2] Vgl. K. Marx, Das Kapital, Erster Band, in: MEW, Bd. 23, Berlin 1962, S. 195.

tion eine solche Effektivitätserhöhung eingetreten ist.[3] Das Institut für Ökonomik der Landwirtschaft und Nahrungsgüterwirtschaft hat bei Analysen festgestellt, daß zum Beispiel durch rationelle Standortverteilung des Rapsanbaues, insbesondere durch territoriale Konzentration auf der Basis der natürlichen Bedingungen in den nördlichen Bezirken, der Rapsertrag um 1,2 dt/ha erhöht werden konnte, was einer Mehrproduktion im DDR-Maßstab von etwa 5% der durchschnittlichen Produktion 1971/75 entspricht. Wir stellen uns in der Territorialforschung das Ziel, weitere Beispiele dieser Art und vor allem weitere, noch ungenutzte Möglichkeiten nachzuweisen, wie durch rationelle Standortverteilung die Produktion erhöht und effektiver gemacht werden kann. Auch die Produktion von Obst und Gemüse konnte durch Maßnahmen der Standortverteilung, das heißt durch territoriale Konzentration an geeigneten Standorten und Erschließung neuer Vorzugsgebiete, gesteigert werden.

Weitere Beispiele sind die territoriale Konzentration der Schlachtrinderproduktion in Gebieten mit intensivem Feldfutter- und Zuckerrübenanbau, die territoriale Konzentration der industriemäßigen Jungrinderaufzucht in Gebieten mit hohem Grünlandanteil, wo der natürliche Grobfutteranfall rationell genutzt werden kann, besonders in den zusammenhängenden Grünlandgebieten der Niederungen und der Mittelgebirgslagen. In der rationellen territorialen Organisation der landwirtschaftlichen Produktionsprozesse sind noch weitere Reserven dieser Art enthalten. Bei immer mehr Produktionen der Pflanzen- und der Tierproduktion kann die weitere Leistungs- und Effektivitätserhöhung noch stärker von der rationellen Standortverteilung der Produktivkräfte beeinflußt werden.

Aber die Standortverteilung der Zweige der Land- und Nahrungsgüterwirtschaft beeinflußt nicht nur die eigene Effektivität der Land- und Nahrungsgüterwirtschaft. Es bestehen vielfältige Wechselbeziehungen und Abhängigkeiten zwischen der Standortverteilung der landwirtschaftlichen Produktion und der Standortverteilung der Industrie, besonders zu vor- und nachgelagerten Industriezweigen. Wechselbeziehungen bestehen ferner zur territorialen Organisation des Verkehrs, der Energie und der Wasserwirtschaft, zur territorialen Organisation des Bauwesens. Abhängigkeiten existieren zwischen Standortverteilung der landwirtschaftlichen Produktion und der Entwicklung ländlicher Siedlungen und Siedlungszentren und damit zur gesamten Siedlungsstruktur des Landes. Nicht zuletzt wird auch die territoriale Struktur der Bevölkerung und des gesamten Arbeitsvermögens, die Struktur der Klassen und Schichten in den Territorien durch die Entwicklung der Standortverteilung der landwirtschaftlichen Produktion entscheidend beeinflußt.

Insbesondere diese soziale Entwicklung hängt sogar wesentlich von der territorialen Entwicklung der landwirtschaftlichen Produktion ab. Wenn wir einschätzen können, daß die früheren großen territorialen Disproportionen in unserem Land, die territorialen Disproportionen zwischen Norden und Süden usw., weitgehend überwunden sind, daß zwischen Stadt und Land bereits entscheidende Annäherungen durchgesetzt werden konnten, so ist dies nicht allein auf die Neulokalisierung von Industriebetrieben, auf den Neubau von Städten und die Ausweitung der vorhandenen Städte usw. zurück-

[3] Nachfolgende Angaben unter Verwendung von Forschungsergebnissen aus der Forschungskooperation zwischen der Forschungsleitstelle für Territorialplanung der Staatlichen Plankommission und dem Institut für Ökonomik der Landwirtschaft und Nahrungsgüterwirtschaft des Ministeriums für Land-, Forst- und Nahrungsgüterwirtschaft.

zuführen, sondern ist vor allem ein Ergebnis der Agrarpolitik der Partei. Sie war immer darauf gerichtet, nicht nur den Nahrungsgüterbedarf wesentlich aus eigenem Aufkommen zu decken, sondern dabei gleichzeitig auch zur Überwindung der historisch übernommenen sozialen Ungleichheiten im Territorium beizutragen, zur Überwindung der Rückstände ganzer Gebiete und zur Annäherung der Arbeits- und Lebensbedingungen zwischen Stadt und Land. Das früher für Mecklenburg, für die Höhenlagen der Mittelgebirge und für das Eichsfeld typische niedrige wirtschaftliche und soziale Niveau ist vor allem durch die Entwicklung der Landwirtschaft und ihrer Standortverteilung überwunden worden.

Damit wird unterstrichen, wie eng die Land- und Nahrungsgüterwirtschaft über ihre Standortverteilung, über das Territorium, mit allen Bereichen der gesellschaftlichen Reproduktion verbunden ist, wobei es sich immer um eine Einheit von wirtschaftlichen und sozialen Beziehungen handelt. Um einige dieser Verflechtungen aufzudecken und Vorschläge für ihre weitere planmäßige Gestaltung machen zu können, haben wir eine Forschungskooperation mit dem Institut für Ökonomik der Landwirtschaft und Nahrungsgüterwirtschaft und anderen Institutionen aufgenommen, eine Gemeinschaftsarbeit in unserer interdisziplinären Territorialforschung zur Standortverteilung der Produktivkräfte in der DDR. Daraus sollen nachfolgend ein paar Gedanken zur Zielstellung für die Standortverteilung der Produktivkräfte der Land- und Nahrungsgüterwirtschaft in der DDR zur Diskussion gestellt werden, um die Effektivitätswirkung der Standortverteilung der Produktivkräfte auf die Agrarproduktion und umgekehrt die gesellschaftliche Effektivitätswirkung der Standortverteilung der Agrarproduktion auf die Entwicklung der gesamten Volkswirtschaft noch etwas deutlicher zu machen. Es handelt sich also nicht um Direktiven, sondern um Vorschläge aus der Forschung für die zentrale und bezirkliche Entscheidungsebene.

Wir empfehlen zunächst als generelle Linie für die Standortverteilung der Produktivkräfte in der DDR insgesamt, davon auszugehen, daß in den letzten 30 Jahren die wesentlichen Disproportionen in der territorialen Grundstruktur der DDR beseitigt werden konnten und daß es jetzt generell darauf ankommt, die herausgebildete Territorialstruktur des gesellschaftlichen Reproduktionsprozesses rationell zu nutzen und zu vervollkommnen, das heißt, die generellen Proportionen zwischen Norden und Süden, die territoriale Anordnung der industriellen Ballungsgebiete, die territoriale Differenzierung der Dichtewerte der Produktion, der Bevölkerung, der Infrastruktur, das Städtenetz usw., das alles rationell zu nutzen und zu vervollkommnen – also nicht die Standortverteilung der Produktivkräfte in der DDR in den nächsten Jahrzehnten völlig neu zu gestalten. In diese generelle Linie läßt sich die weitere Standortverteilung der Land- und Nahrungsgüterwirtschaft einordnen, wenn als Ziel für die territoriale Organisation der Land- und Nahrungsgüterwirtschaft gesetzt wird, die Leistungen der Agrarproduktion in allen Teilen des Landes, ausgehend von den gegebenen territorialen Produktionsbedingungen, zu steigern und dabei gleichzeitig den Prozeß der Überwindung wesentlicher Unterschiede zwischen Stadt und Land weiterzuführen.

Dabei sollte die Standortverteilung der Pflanzenproduktion insbesondere die natürlichen Produktionsbedingungen berücksichtigen, vor allem den Boden – als nicht vermehrbares Hauptproduktionsmittel – und das Klima. Das führt zu einer territorialen Differenzierung der Ertragsentwicklung, wonach die einzelnen Kulturen optimal territorial eingeordnet werden können.

Für die Tierproduktion wurden ähnliche Einflußfaktoren herausgearbeitet, wie z. B.

Futtermittelbereitstellung in möglichst geringer Entfernung, Verwendung möglichst geringwertiger landwirtschaftlicher Nutzfläche für industriemäßige Anlagen der Tierproduktion, volkswirtschaftliche Rahmenbedingungen für die Gülleverwertung und ähnliches.

In eine solche Zielorientierung muß aber auch eine weitere Rationalisierung, Vervollkommnung und Weiterentwicklung der Standortverteilung der Produktivkräfte der Land- und Nahrungsgüterwirtschaft bewußt eingeschlossen werden. Sie ist deshalb erforderlich, weil in einer rationelleren Standortverteilung der pflanzlichen und tierischen Produktion Reserven für ihre Leistungssteigerung und Effektivitätserhöhung bestehen und weil die natürlichen und ökonomischen Vorteile der Standorte und Gebiete in der DDR für die Steigerung der landwirtschaftlichen Produktion noch nicht ausgeschöpft sind. Außerdem ist teilweise ein Übergang zur industriemäßigen Produktion mit ihren größeren Dimensionen an den bisherigen Produktionsstandorten nicht immer möglich. Wir gehen also davon aus, daß entsprechend den volkswirtschaftlichen Möglichkeiten einige Teile der pflanzlichen und tierischen Produktion langfristig territorial umverteilt werden sollten – bei der Tierproduktion ausgehend von den vorhandenen Grundfonds und im Zusammenhang mit ihrer Rekonstruktion und Rationalisierung. Diese von der Industrie abweichende Standortorientierung ist deshalb notwendig, weil die Agrarproduktion ja erst mit Beginn der 70er Jahre zu einer industriemäßigen Produktionsweise übergehen konnte und demzufolge auch ihr Standortgefüge stärker rationalisiert werden muß.

Nach unserer Überzeugung muß aber gleichzeitig dazu beigetragen werden, die sehr hohen Standortanforderungen industriemäßiger Anlagen der Tierproduktion durch geeignete wissenschaftlich-technische Maßnahmen herabzusetzen.

Eine Rindermastanlage braucht je nach Größe 2 000 bis 2 500 ha Hauptfutterfläche, Stroh-Konzentrat-Gemische, Trockengrün und Getreide-Mischfutter müssen in einer Entfernung von nicht mehr als 40 km bereitgestellt werden, die Transportentfernung zur Schlachtung soll 50 km nicht überschreiten, zwischen 370 und 525 m^3 Wasser werden pro Tag gebraucht, der Gülleanfall von 100 T m^3/a bei 12 Tierplätzen bzw. von 160 T m^3/a bei 16 Tierplätzen erfordert Verwertungsflächen zwischen 1 300 und 2 300 ha, deren anderweitige landwirtschaftliche Nutzung (oder überhaupt andere Nutzung) dann stark eingeschränkt ist.

Solche Standortanforderungen sind ja nicht nur eine Sache der Land- und Nahrungsgüterwirtschaft, sondern der ganzen Volkswirtschaft. Wir schlagen hierzu einen Weg vor, der in einigen Kombinaten der Industrie schon erfolgreich begonnen worden ist: An die wissenschaftlich-technische Forschung und Entwicklung sollte auch in der Land- und Nahrungsgüterwirtschaft die Forderung gestellt werden, nicht schlechthin nur technische und zweigökonomische Lösungen zu erforschen und zu entwickeln, sondern dabei auch diese Standortanforderungen weiter zu minimieren und sie möglichst auch bereits den zu erwartenden konkreten Standortbedingungen der projektierten Anlage anzupassen. Dies sollte bei der Verteidigung von Forschungs- und Entwicklungsergebnissen mit abgerechnet werden.

In einer solchen zur Diskussion gestellten Orientierung für die territoriale Organisation der Land- und Nahrungsgüterwirtschaft liegt ein großer Vorteil für die Leistungs- und Effektivitätserhöhung der Agrarproduktion, der durch kluge konzeptionelle Arbeiten genutzt werden muß.

Es liegt darin aber auch eine volkswirtschaftliche Verantwortung, denn mit der Standortverteilung der Land- und Nahrungsgüterwirtschaft kann beispielsweise spürbar zur Entlastung der industriellen Ballungsgebiete beigetragen werden, deren Arbeitsvermögen und Naturressourcen stark gefordert sind.

Anderseits kann mit modernen industriemäßigen Anlagen der Pflanzen- und Tierproduktion und der Verarbeitung in den bisher vorwiegend agrarisch strukturierten Gebieten der nördlichen Bezirke entscheidend zur weiteren Industrialisierung dieser Gebiete beigetragen werden. Bei der weiteren Entwicklung dieser Gebiete sollte der schrittweise Übergang zur industriemäßigen Produktion in der Landwirtschaft als eine Form des Industrialisierungsprozesses gewertet werden, und zwar in ökonomischer, sozialer und politischer Hinsicht, im Hinblick auf die Herausbildung sowohl der materiell-technischen Basis als auch sozialistischer Persönlichkeiten und in bezug auf die Arbeitsbedingungen und nicht zuletzt auf die weitere Festigung der Arbeiterklasse in diesen Gebieten.

Darüber hinaus muß auch auf die klassenmäßigen, sozialen und kulturellen Konsequenzen aufmerksam gemacht werden, die mit der Herausbildung territorialer Zentren der industriemäßigen Pflanzen- und Tierproduktion und -verarbeitung zusammenhängen, wie sie sich zum Beispiel abzeichnen

a) in der Herausbildung eines vielstufigen territorialen Produktionskomplexes Eberswalde/Britz mit Ferkelproduktion, Läuferaufzucht, Schweinemast, Schlachtung und Verarbeitung sowie Mischfutterproduktion,

b) im Havelländischen Obstanbaugebiet Werder/Neufahrland, wo spezielle Obstanbaubetriebe Obst industriemäßig erzeugen, lagern, aufbereiten und absetzen,

c) im Zentrum industriemäßiger Feldgemüseproduktion im Oderbruch mit Jungpflanzenanzucht, Gemüseproduktion unter Beregnung, Lagerung, Aufbereitung und Direktversorgung.

Hier entstehen unseres Erachtens neue Bedingungen für die allmähliche Beseitigung wesentlicher Unterschiede zwischen Stadt und Land, für eine noch raschere Annäherung der Klasse der Genossenschaftsbauern an die führende Arbeiterklasse. Solche Zentren industriemäßiger Pflanzen- und Tierproduktion sind ökonomisch effektiv und sozial wirksam. Sie können sich entsprechend den volkswirtschaftlichen Möglichkeiten nur schrittweise entwickeln. Sie stellen hohe Anforderungen an die Volkswirtschaft, vor allem an den Personen- und Güterverkehr, an die Energie- und Wasserversorgung, an das Bauwesen und an die soziale Infrastruktur. Sie können auch nicht überall beliebig entwickelt werden, sondern die ökonomischen und natürlichen Bedingungen dafür sind territorial vorbestimmt und lokal begrenzt. Das erfordert, die weitere Entwicklung solcher Zentren der industriemäßigen Pflanzen- und Tierproduktion durch eine gründliche Gebietsplanung vorzubereiten und mit den Ansprüchen anderer Volkswirtschaftsbereiche an dasselbe Gebiet zu koordinieren. Dazu gehört auch, solche Zentren unbedingt von vornherein vorhandenen Siedlungszentren zuzuordnen, die bereits über eine entsprechende infrastrukturelle Potenz und städtebauliche Substanz verfügen und langfristig entwicklungsfähig sind. Das gilt z. B. für viele Kleinstädte der DDR, die eine Aufbesserung ihrer Funktion durch die materielle Produktion brauchen.

Die Entwicklung einzelner Gebiete muß überhaupt einen höheren Stellenwert erhalten. Wenn es richtig ist, daß die territorialen Grundproportionen der DDR im wesentlichen stabil entwickelt sind und langfristig relativ stabil bleiben können, dann ist es um so notwendiger, den innergebietlichen Proportionen größere Aufmerksamkeit zuzuwenden, weil sich innerhalb der Gebiete relativ dynamische Veränderungen der Standortverteilung der Produktivkräfte vollziehen werden, die für die Entwicklung der Volkswirtschaft notwendig sind. Innerhalb der Gebiete liegen große Reserven für intensivere rationellere Lösungen in der Produktion und für das Lebensniveau. Die Landwirtschaft kann mit ihren eigenen Standortkonzeptionen gut dazu beitragen, solche Reserven zu erschließen.

R. Hauk

Soziale Wirkungen und Probleme beim schrittweisen Übergang zu industriemäßigen Produktionsmethoden in der sozialistischen Landwirtschaft

Die Entwicklung moderner Produktivkräfte in der sozialistischen Landwirtschaft der DDR, insbesondere der schrittweise Übergang zu industriemäßigen Produktionsmethoden, führt zur weiteren Annäherung zwischen Stadt und Land. Dabei handelt es sich um einen Prozeß der Annäherung von Klassen und Schichten in ihrer sozialen Grundposition bei gleichzeitiger Differenzierung der konkreten Tätigkeit einzelner Berufe und Berufsgruppen auf Grundlage der sich vertiefenden Arbeitsteilung und Spezialisierung. Diese, sich auf Grundlage von Veränderungen der materiell-technischen Basis der landwirtschaftlichen Produktion vollziehenden sozialen Entwicklungsprozesse verlaufen nicht widerspruchsfrei und problemlos.

Das hohe Tempo bei der Entwicklung der materiell-technischen Basis nach dem VIII. und IX. Parteitag der SED erforderte eine bedeutende Steigerung des Qualifikationsniveaus der Werktätigen in der Landwirtschaft. So erhöhte sich z. B. von 1970 bis 1976 im Agrarbezirk Neubrandenburg bei den in der Landwirtschaft Berufstätigen der Anteil mit einer abgeschlossenen Berufsausbildung von 60 auf 85% bei Männern und von 34 auf 76% bei Frauen[1]. Diese Steigerung des Qualifikationsniveaus ist eine der wichtigsten und sichtbarsten Seiten des Prozesses der Annäherung zwischen Stadt und Land.

Da wachsendes Qualifikationsniveau gleichzeitig mit einer Erhöhung der Spezialisierung der Kenntnisse, Arbeitserfahrungen und Arbeitsfertigkeiten verbunden ist, wächst einerseits die Mobilität der Arbeitskräfte hinsichtlich gleichartiger oder ähnlicher Arbeitsfunktionen in anderen Wirtschaftsbereichen. Andererseits wird wegen der höheren Qualifikationsanforderungen für die Bedienung leistungsfähigster Technik die zeitweilige Umsetzung von Arbeitskräften erschwert. Daraus erwachsen neue Fragen für die rationelle Nutzung der Technik und des gesellschaftlichen Arbeitsvermögens.

Als Folge der Vertiefung der Arbeitsteilung und Spezialisierung haben sich die Zweige der Pflanzen- und Tierproduktion immer mehr verselbständigt. Das bedeutet Arbeitsteilung zwischen relativ kontinuierlichen Prozessen mit überwiegend stationärer Technik in der Tierproduktion und relativ diskontinuierlichen Prozessen mit hohen Arbeitsspitzen sowie vorwiegend mobiler Technik in der Pflanzenproduktion.

Die damit verbundene Differenzierung in den Arbeits- und Lebensbedingungen muß untersucht werden. Von größerer praktischer Bedeutung ist jedoch die Frage, wie bei Verselbständigung von Zweigen der Agrarproduktion die in der Zusammenarbeit liegenden Reserven der rationellen Nutzung und Instandhaltung der Technik zu mobili-

---

[1] Angaben nach: H. Wiederhöft, Die Auswirkungen der Entwicklung der Produktivkräfte auf die Sozialstruktur der Beschäftigten im Bereich der Landwirtschaft im Prozeß der Gestaltung der entwickelten sozialistischen Gesellschaft, B-Promotion, Ernst-Moritz-Arndt-Universität Greifswald, S. 204.

sieren sind und das Arbeitsvermögen am rationellsten einzusetzen ist. Der technische Fortschritt verändert auch die Arbeitsmöglichkeiten der Frauen in der Landwirtschaft, wobei sowohl günstige als auch erschwerende Wirkungen vorhanden sind. Während in der Industrie der DDR der Anteil der weiblichen Berufstätigen von 39,9% 1965 auf 43,7% 1975 angestiegen ist, sank in der Land- und Forstwirtschaft dieser Anteil im gleichen Zeitraum von 47,8% auf 42,9%.[2] Innerhalb der Landwirtschaft ist der Frauenanteil in den letzten Jahren etwas gestiegen, er lag im Durchschnitt der DDR 1977 bei 47,8%, in den Nordbezirken jedoch nur zwischen 36 und 40%.[3] Bedeutende Unterschiede bestehen auch zwischen verschiedenen Produktionsbereichen (z. B. Geflügelwirtschaft, Rindermast, Gemüseproduktion, Landtechnik). Mit den Methoden industriemäßiger Produktion entstehen in einer Reihe von Bereichen günstige Bedingungen für die Berufstätigkeit der Frauen. Neue schwere Technik sowie der Umgang mit Chemikalien und toxischen Stoffen, wie sie in Agrochemischen Zentren und Trockenwerken vorhanden sind, setzen jedoch der Frauenarbeit objektive Grenzen. Hinzu kommt die mit der Produktionskonzentration verbundene Zunahme der Entfernung von Arbeits- und Wohnort, was besonders in Gebieten mit einem weitmaschigen Siedlungs- und Verkehrsnetz Probleme aufwirft. Eine ähnliche Wirkung hat auch der konzentrierte Einsatz mobiler Technik über größere Entfernungen. Zweifellos bestehen jedoch vor allem in den Nordbezirken hinsichtlich der Berufstätigkeit der Frauen auf dem Lande noch soziale und ökonomische Potenzen, für deren Erschließung die objektiven und subjektiven Voraussetzungen zu schaffen sind.

Sehr wichtig für die Annäherung der Klassen und Schichten ist das quantitative Wachstum sowie die zunehmende Bedeutung der Arbeiter in der Landwirtschaft. Dieser Teil der Arbeiterklasse wirkt im Reproduktionsprozeß unmittelbar mit den Genossenschaftsbauern zusammen. Er ist für die Verwirklichung der Bündnisbeziehungen zwischen der Arbeiterklasse und den Genossenschaftsbauern von großer Bedeutung. Im Agrarbezirk Neubrandenburg beträgt der Anteil der Arbeiter rund ein Drittel der in der Landwirtschaft Beschäftigten.[4] Ihr Anteil ist naturgemäß in den volkseigenen Betrieben der Landwirtschaft am größten, er ist außerordentlich hoch in den zwischenbetrieblichen Einrichtungen und ist auch trotz des geringen Umfangs in den genossenschaftlichen Betrieben zu beachten. Im Bereich der Pflanzenproduktion ist der Anteil der Arbeiter geringer als in der Tierproduktion, am größten ist er in solchen Bereichen wie den Betrieben für Landtechnik, den Trockenwerken, Agrochemischen Zentren, im Meliorationswesen usw. Da über eine längere Periode einerseits in den Produktionsgenossenschaften teilweise Arbeiter und Angestellte ohne Mitgliedschaft, anderseits in volkseigenen oder zwischenbetrieblichen Einrichtungen ständig oder zeitweilig delegierte Genossenschaftsbauern tätig sein werden, müssen die soziale Stellung und die persönlichen Rechte von Arbeitern in LPG und die von Genossenschaftsbauern in VEB besonders beachtet werden. Dabei ist es weder möglich noch sinnvoll, in den neuen LPG von allen den Eintritt als Mitglied zu fordern bzw. in VEB oder zwischenbetrieblichen Einrichtungen allgemeinen Verzicht auf bisherige Mitgliedschaft in einer LPG durchzusetzen. Die Ar-

---

[2] Vgl. Statistisches Jahrbuch der DDR 1976, Berlin 1976, S. 55.

[3] Vgl. H. Wiederhöft, Die Auswirkungen der Entwicklung der Produktivkräfte auf die Sozialstruktur der Beschäftigten im Bereich der Landwirtschaft im Prozeß der Gestaltung der entwickelten sozialistischen Gesellschaft, B-Promotion, Ernst-Moritz-Arndt-Universität Greifswald, S. 191.

[4] Vgl. ebenda, S. 180.

beiter müssen die Möglichkeit zu gewerkschaftlicher Organisation besitzen, wobei die Rolle der Gewerkschaft als einer Klassenorganisation der Arbeiter in der Landwirtschaft zunehmende Bedeutung erlangt und sich die Partei der Arbeiterklasse als führende Kraft weiter festigt.

Abschließend möchte ich auf herangereifte Fragen hinweisen, die eng mit dem Prozeß des Übergangs zu industriemäßigen Produktionsmethoden zusammenhängen und die Lösung ökonomischer und sozialer Aufgaben betreffen, wie sie sich in der Industrie bewährt haben. Ab wann und für welche Bereiche der Landwirtschaft sollte z. B. bei der gesundheitlichen Betreuung ein in der Industrie seit langem bewährtes Betriebsgesundheitswesen geschaffen werden? Könnten nicht schon heute bestimmte Bereiche der Landwirtschaft viele in der Industrie selbstverständliche Ergebnisse des Arbeitsschutzes stärker nutzen? Es wäre bei der Durchdringung einer Reihe von aktuellen Entwicklungsprozessen der sozialistischen Landwirtschaft in der wirtschaftswissenschaftlichen Forschung von Nutzen, wenn noch stärker außer den Spezialisten für Landwirtschaft Wissenschaftler mit Erfahrungen und Kenntnissen aus anderen Bereichen an solchen Fragen wie der Grundfondsreproduktion, der Vervollkommnung sozialistischer Produktionsverhältnisse, der sozialistischen Lebensweise, des Arbeitsschutzes, der Berufsausbildung u. a. mitwirken würden.

W. Theilig

Probleme der vertikalen Kooperation mit der Fleischwirtschaft beim Übergang zu industriemäßigen Produktionsmethoden in der Tierproduktion

Im heutigen Referat von Professor Dr. Sachse wurde mit aller Deutlichkeit erneut die große Verantwortung der Landwirtschaft und Nahrungsgüterwirtschaft bei der Verwirklichung der Hauptaufgabe des VIII. und IX. Parteitages der SED unterstrichen.

Die Sicherung einer stabilen und qualitätsgerechten Versorgung der Bevölkerung mit Nahrungsmitteln ist deshalb das vorrangige Anliegen der Werktätigen der Land-, Forst- und Nahrungsgüterwirtschaft.

Von großer volkswirtschaftlicher Bedeutung dabei ist, daß auf der Basis der steigenden Schlachtviehproduktion die Voraussetzungen für die verlustarme Be- und Verarbeitung der tierischen Rohstoffe zu hochwertigen Fleischerzeugnissen geschaffen werden. Bei der versorgungswirksamen Steigerung der Produktion geht es vor allem darum, den wachsenden Bedarf der Bevölkerung an Fleischerzeugnissen zu decken.

Für die 2000 Arbeiterinnen und Arbeiter des VEB Thüringer Fleischkombinat Gera bedeutet das, täglich in der Schlachtung, Zerlegung und Verarbeitung eine Produktion von 500 t zu erbringen und eine Warenproduktion von über 1,5 Mio M zu realisieren.

Der Zuwachs an Schlachtviehaufkommen im Fünfjahrplanzeitraum bis 1980 beträgt entsprechend der bezirklichen Entwicklungskonzeption 11 000 t. Zur Sicherung der Schlachtviehproduktion ist es notwendig, daß der planmäßige Leistungszuwachs der tierischen Produktion über die sozialistische Intensivierung, vor allem über die Durchsetzung des wissenschaftlich-technischen Fortschritts, zu erreichen ist.

Bei der weiteren sozialistischen Intensivierung der tierischen Produktion in der Landwirtschaft geht es insbesondere darum, eine höhere Qualität und Effektivität in der Produktion zu erreichen. Von großer Bedeutung dabei ist die Erhöhung der Produktivität je Tier durch die zielgerichtete Anwendung des züchterischen Fortschritts. Die schnelle Durchsetzung des Hybridzuchtprogramms ermöglicht, den züchterischen Fortschritt in allen sozialistischen Landwirtschaftsbetrieben wirksam zu nutzen. Zur besseren Auslastung der Grundmittel kommt es besonders darauf an, die Produktivität je Tierplatz in der Zucht und Mast zu erhöhen und gleichzeitig die Produktion zu steigern. Die erforderlichen Parameter der Intensivierung der Schlachtviehproduktion im Bezirk Gera wurden mit der bezirklichen Entwicklungskonzeption erarbeitet.

Mit dem Übergang zur industriemäßigen Organisation der Schlachttierproduktion, der Schlachtung und Verarbeitung kommt es zur weiteren Vertiefung der Kooperationsbeziehungen und zur zunehmenden Verflechtung von Landwirtschaft und Verarbeitungsindustrie sowie zur weiteren Arbeitsteilung zwischen ihren Betrieben.

Wesentlichen Anteil bei der weiteren Intensivierung in der Landwirtschaft haben dabei die Kooperationsverbände „Schweinefleischproduktion“ und „Rindfleischproduktion“.

In zunehmendem Maße tragen die Betriebe der Kooperationsverbände (KOV) zur Steigerung der Schlachtviehproduktion bei. Seit der Bildung der KOV „Schweinefleischproduktion“ im Jahre 1968 hat sich ihr Anteil am Schlachtschweinaufkommen von 30% auf 92% im Jahre 1978 bei stets steigendem Produktionsvolumen und Verringerung der Anzahl der Produktionsbetriebe erhöht.

Die Vervollkommnung der Tätigkeit der Kooperationsverbände ist vor allem auf die Erhöhung der Versorgungswirksamkeit und auf eine immer bessere Zusammenarbeit der miteinander kooperierenden Betriebe in der Primärproduktion bis zum Handel gerichtet. Wie die Erfahrungen zeigen, können die Kooperationsverbände im Auftrage der staatlichen Organe schrittweise wirtschaftsleitende Funktionen zur Planung und Bilanzierung der Produktion ausüben. Dabei trägt das Fleischkombinat eine große politische Verantwortung, damit die Kooperationsverbände ihren Aufgaben entsprechend der weiteren gesellschaftlichen Entwicklung gerecht werden.

Im Bezirk Gera werden seit mehreren Jahren umfangreiche Investitionen für den Bau von industriemäßigen Produktionsanlagen bzw. Großanlagen der Tierproduktion aufgewandt.

Als industriemäßig produzierende Anlagen zählen bekanntlich Schweinemastanlagen mit über 25 000 Mastplätzen und Rindermastanlagen ab 16 000 Mastplätzen.

In unserem Bezirk bestehen aber noch mehrere Großanlagen in der Schweineproduktion mit 6000 bis 18 000 Mastplätzen, in denen in überwiegendem Maße industriemäßige Produktionsmethoden angewandt werden.

Gegenwärtig beträgt der Anteil des Schlachtschweinaufkommens aus Großanlagen 49% am Gesamtaufkommen des Bezirkes und wird sich auf 70% im Jahr 1985 erhöhen. Dieser Produktionsanteil wird zukünftig von drei industriemäßigen Produktionsanlagen und 4 Großanlagen gebracht und ist der Ausdruck einer hohen Konzentration der Schlachtschweinproduktion in modernen Betrieben.

Die weitere Steigerung der Schlachtviehproduktion der sozialistischen Landwirtschaft stellt gleichzeitig höhere Anforderungen an die Intensivierung in den Schlacht- und Verarbeitungsbetrieben. Der große Anteil der Schlachtviehproduktion in den Kooperationsverbänden und industriemäßigen Produktionsanlagen verursacht höhere Ausstallungsmengen an Schlachtschwein und Schlachtrind zu bestimmten Zeitpunkten und verlangt neue Organisationsformen in der Schlachtviehabnahme und des Schlachtviehtransportes. Die Kapazität der einzelnen Bereiche in den Schlachtbetrieben ist auf die höheren Anlieferungsmengen auszulegen. Gleichzeitig sind langfristig die Voraussetzungen zu schaffen, um die erforderlichen Proportionen zwischen Schlachtviehaufkommen, Schlachtung, Kühlung, Lagerung und Verarbeitung herzustellen.

Dazu zwei Beispiele:

Mit der Ausstallung von Mastbullen aus der industriemäßigen Rindermastanlage Gera sind bei voller Produktion im Jahre 1980 einmal im Monat 825 Mastbullen innerhalb von 2 Tagen auszustallen und abzutransportieren. Gegenwärtig werden aber wöchentlich ca. 1150 Rinder in 4 Schlachtbetrieben des Kombinates geschlachtet.

Aus der Schweinezucht- und -mastanlage S 110 in Neustadt mit einer Jahresleistung von 24 kt müssen im Rhythmus von 8 Tagen innerhalb von 2 Tagen 4000 Schweine abgeholt werden, um die Umsetzungen der Läufer kurzfristig zu gewährleisten und die eigene Reproduktion der Anlage zu garantieren. Um 4000 Tiere zu schlachten, werden gegenwärtig 3 Tage in allen 4 Schlachtbetrieben des Kombinates benötigt. Dazu kommen noch die anderen industriemäßigen Produktionsanlagen der Schweinefleischproduktion, die Schlachtschweine der 146 LPG Tierproduktion und der Kleinproduzenten. Wir standen deshalb vor solchen Fragen:

- Welches ist die effektivste Profilierung der Schlachtbetriebe für die nächsten Jahre?
- Welche Rationalisierungs- und Baumaßnahmen sind erforderlich?
- Soll die Schlachtung der in hoher Anzahl ausgestallten Schlachttiere weiterhin durch die vier Schlachtbetriebe erfolgen?
- Ist es effektiver, die Schlachtbetriebe zu spezialisieren unter Beachtung der jeweiligen Standorte der industriemäßigen Produktionsanlagen?

Wir entschieden uns dafür, den Konzentrationseffekt, der in den industriemäßigen Produktionsanlagen der Landwirtschaft durch Kooperation oder Neubau erzielt wird, in der weiteren Stufenproduktion der Schlachtung nicht aufzuheben, sondern zu nutzen und große Partien von Schlachtrindern oder Schlachtschweinen mit modernen Technologien in der industriellen Fließfertigung zu schlachten und eine höhere Auslastung der Grundmittel durch Schichtarbeit zu ermöglichen.

Die Entscheidung über eine sinnvolle, vertretbare weitere Konzentration und Spezialisierung der Produktion, in diesem Fall der Schlachtung, hängt nach unseren Erfahrungen in den Verarbeitungsbetrieben des Kombinates unter anderem von folgenden Aspekten ab und ist vorteilhaft:

erstens, wenn eine höhere Versorgungseffektivität als dauerhafte Lösung eintritt;

zweitens, wenn der erforderliche, ständige Produktionszuwachs über die Spezialisierung der Produktion gewährleistet wird;

drittens, wenn damit verstärkt zur industriellen Fließfertigung übergegangen wird;

viertens, wenn der Mechanisierungsgrad erhöht wird und die Arbeits- und Lebensbedingungen der Werktätigen verbessert werden;

fünftens, wenn die territoriale Entfernung der spezialisierten Betriebe zueinander und zu den einzelnen Versorgungsgebieten ökonomisch vertretbar ist und

schließlich, wenn kein höherer Transport- und Kostenaufwand erforderlich wird.

Gründliche Untersuchungen führten zu der Erkenntnis, daß unter den günstigen territorialen Bedingungen, bei den geringen Entfernungen der Betriebe untereinander und den seit Jahren entwickelten Kooperationsbeziehungen, eine weitere Konzentration und Spezialisierung der Produktion auf dem Wege der sozialistischen Rationalisierung zu verwirklichen ist, der erforderliche Kapazitätszuwachs erreicht wird und die Arbeits- und Lebensbedingungen der Werktätigen wesentlich verbessert werden.

Dabei wird der Durchsetzung des wissenschaftlich-technischen Fortschritts in allen Produktionsstufen und Betrieben, der Sicherung einer hohen Grundfonds- und Materialökonomie sowie der effektiven Nutzung des gesellschaftlichen Arbeitsvermögens große Bedeutung beigemessen.

Gleichlaufend zu diesen politisch-ideologischen, wissenschaftlich-technischen und technisch-organisatorischen Fragen und Aufgaben, die im Zusammenhang mit dieser komplexen Rationalisierung gelöst werden müssen, gibt es auch wichtige und interessante betriebswirtschaftliche Aspekte in der vertikalen Stufenproduktion zu erforschen und zu klären.

Gegenwärtig ist eine unterschiedliche Kostenstruktur und ein differenzierter Kostensatz in der landwirtschaftlichen Produktion verschiedener Tierarten vorhanden, der sich fortsetzt bei den verschiedenen Erzeugnissen der vertikalen Stufenproduktion. Das Ziel der betriebswirtschaftlichen Arbeit muß darin bestehen, durch die komplexe Anwendung aller Intensivierungsfaktoren in jeder Produktionsstufe mit Hilfe der Rationalisierung zu einer Senkung der Kosten insgesamt zu kommen. Wichtige Schritte dazu sind zielgerichtete Erfahrungsaustausche zwischen den Kooperationsverbandsbetrieben und Betrieben mit industriemäßigen Anlagen und die Ausarbeitung eines EDV-Projektes durch das Fleischkombinat Gera mit erhöhtem Datenanfall für wichtige ökonomische Kennziffern der Betriebe der Stufenproduktion und der Kooperationsverbände. Erste Erfahrungen hierzu wurden bereits gesammelt.

Die vorgesehenen Rationalisierungsmaßnahmen stellen aber auch erhöhte Anforderungen an die Leitungstätigkeit des Kombinates, an die umsichtige Vorbereitung und Durchführung der gesamten Rekonstruktion bei aktiver Einbeziehung der Werktätigen in den Betrieben.

- Die wichtigste Aufgabe ist die materielle und finanzielle Einordnung der Rationalisierungs- und Rekonstruktionsmaßnahmen in die Entwicklungskonzeption des Territoriums und in die Plandokumente des Bezirkes und der Kreise.
- Die Rationalisierungsmaßnahmen sind dadurch gekennzeichnet, daß sie bei laufenden Produktions- und Versorgungsaufgaben durchgeführt werden müssen, Abbruch- und Neubauarbeiten richtig einzuordnen sind, die Investitionen teilweise zur gleichen Zeit an verschiedenen Standorten durchgeführt werden, eine vorübergehende Verlagerung von Produktionsaufgaben in andere Kombinatsbetriebe erfolgen muß und daß sich die Maßnahmen über den Zeitraum von rund 7 Jahren erstrecken.
- Das stellt hohe Anforderungen an die gesamte Leitungsorganisation und erfordert den konzentrierten Einsatz bewährter und junger Kader an den verschiedenen Schwerpunkten.
- Auf Grund der komplexen Rationalisierung an mehreren Standorten und Betrieben ist eine noch engere Zusammenarbeit mit den örtlichen Staatsorganen eine wichtige Voraussetzung für ein erfolgreiches Gelingen und erfordert eine detaillierte Abstimmung und Unterstützung.
- Schließlich geht es darum, daß die gesamte Kampfkraft der Betriebsparteiorganisation und der gesellschaftlichen Organisationen in den Betrieben und der Kombinatsleitung weiter erhöht werden muß, um diese umfangreichen Rationalisierungsmaßnahmen politisch-ideologisch richtig vorzubereiten und gemeinsam durchzuführen.

Das Hauptanliegen in der von uns ausgearbeiteten Konzeption zur umfassenden Rationalisierung der Betriebe des Fleischkombinates ist es, Wege zu beschreiten, das mit hohen Zuwachsraten von den Betrieben der sozialistischen Landwirtschaft des Bezirkes Gera produzierte Schlachtvieh in den kommenden 15 Jahren durch die Betriebe des Fleischkombinates abzunehmen, verlustarm zu schlachten und zu hochwertigen Fleischerzeugnissen zu verarbeiten und als ständigen Leistungszuwachs als Warenproduktion im Bezirk Gera versorgungswirksam zu machen.

In diesem Prozeß ist die Abstimmung der Produktionskapazitäten in der vertikalen Stufenproduktion und die zielgerichtete Planung und Investitionspolitik in der gesamten Kette zur Herstellung volkswirtschaftlich optimaler Proportionen durch die staatliche Leitung von prinzipieller Bedeutung.

Es handelt sich hier in der Tat um eine umfassende Rationalisierung und um die effektivste und komplexe Anwendung aller Intensivierungsfaktoren.

Der Übergang zu industriemäßigen Produktionsmethoden in der Tierproduktion der sozialistischen Landwirtschaft entspricht der wachsenden Entwicklung der Produktivkräfte und der vollen Nutzung der Vorzüge der sozialistischen Produktionsverhältnisse und führt zu effektiveren Formen der Organisation der gesellschaftlichen Produktion.

Damit werden gleichzeitig die erforderlichen Voraussetzungen für eine ständig steigende und stabile Produktion in der Verarbeitungsindustrie zur Versorgung der Bevölkerung mit Fleisch und Wurstwaren geschaffen.

H.-G. Schulze

Zum Zusammenhang zwischen der Entwicklung der agrar-industriellen Kooperation und der planmäßigen Gestaltung des volkswirtschaftlichen Agrar-Industrie-Komplexes

Von entscheidender Bedeutung für die weitere Intensivierung der landwirtschaftlichen Produktion sowie die Erhöhung der Nahrungsgüterproduktion und deren Effektivität ist die weitere Vervollkommnung der gesellschaftlichen Organisation der Produktion, insbesondere die Organisation der Kooperation. Durch sie werden wichtige Voraussetzungen geschaffen, den wissenschaftlich-technischen Fortschritt in diesem Bereich der materiellen Produktion zu beschleunigen, die Investitionen rationeller einzusetzen und die Grundfonds besser zu nutzen, aber auch um die sozialistischen Produktionsverhältnisse zu vervollkommnen. Das gilt sowohl für die Kooperation zwischen den sozialistischen landwirtschaftlichen Betrieben, besonders zwischen der Pflanzen- und Tierproduktion als auch für die sich entwickelnde agrar-industrielle Kooperation landwirtschaftlicher und industrieller Betriebe sowie für die Organisation des richtigen Zusammenwirkens der arbeitsteilig an der Nahrungsgüterproduktion beteiligten Zweige und Bereiche der Volkswirtschaft.

Die spezifischen Probleme und Aufgaben, die es dabei beim derzeit erreichten Grad der Vergesellschaftung auf der betrieblichen und auf der volkswirtschaftlichen Ebene neu zu durchdenken und zu lösen gibt, trugen dazu bei, daß die Entwicklung der agrar-industriellen Kooperation der Betriebe und die Herausbildung des volkswirtschaftlichen Agrar-Industrie-Komplexes (AIK) gesondert untersucht und dargestellt wurden. Hierdurch wurde z. T. der Eindruck erweckt, als handele es sich um zwei völlig *verschiedene ökonomische Prozesse.* Dieser Eindruck wird noch dadurch verstärkt, daß die Entstehung von Industriezweigen, die Produktionsmittel für die Landwirtschaft herstellen sowie deren Rohstoffe zu Nahrungsmitteln und anderen Konsumtionsmitteln weiterverarbeiten, und die damit gegebenen materiellen Bedingungen eines Zusammenwirkens arbeitsteilig an der Nahrungsgüterproduktion beteiligter Zweige und Bereiche der Volkswirtschaft, der umfassenden Entwicklung *direkter* agrar-industrieller Kooperationsbeziehungen landwirtschaftlicher und industrieller Betriebe *zeitlich* vorausgeht.

Natürlich ist die Existenz von Industriezweigen, die landwirtschaftliche Produktionsmittel herstellen, eine Voraussetzung für den Übergang der Landwirtschaft zur maschinellen Großproduktion, zur weiteren Vergesellschaftung der landwirtschaftlichen Produktion und damit letztlich für die Entstehung direkter agrar-industrieller Kooperationsbeziehungen und ihr entsprechender Organisationsformen auf betrieblicher Ebene. Daraus kann jedoch nicht geschlußfolgert werden, daß es vorher keinerlei Zusammenwirken zwischen landwirtschaftlichen und industriellen Betrieben gab. Alle Beziehungen zwischen den verschiedenen Volkswirtschaftszweigen beruhen letztlich auf konkreten Beziehungen zwischen den zu ihnen zählenden Betrieben und werden durch diese realisiert. Zwischenbetriebliche und zwischenzweigliche Entwicklungen vollziehen sich deshalb stets in enger wechselseitiger Verbindung. Falsch wäre es auch, jede bestehende Verflechtung zwischen den an der Nahrungsgüterproduktion beteiligten Zweigen bereits mit der AIK-Bildung gleichzusetzen.

Die bisherige Entwicklung beweist anschaulich, daß die durch die Interessen der Gesellschaft bestimmte Gestaltung volkswirtschaftlicher Komplexe untrennbar mit der Existenz sozialistischer Produktionsverhältnisse, der auf ihr beruhenden zentralen staatlichen Leitung und Planung und einem hohen Entwicklungsniveau der gesellschaftlichen Produktivkräfte verbunden ist. Das gilt prinzipiell auch für die planmäßige Entwicklung der agrar-industriellen Kooperation der Betriebe. Letztere wird dann zur Konsequenz der Entwicklung der Produktivkräfte, wenn Arbeitsteilung, Konzentration und Spezialisierung eine solche Stufe erreicht haben, daß ein stabiles, verbindliches und langfristiges kooperatives Zusammenwirken von Betrieben der Landwirtschaft, der Verarbeitung und Einrichtungen des Handels zur Bedingung einer effektiven Produktion, Verarbeitung und Realisierung von Agrarerzeugnissen geworden ist.

Unter den Bedingungen sozialistischer Produktionsverhältnisse, die die planmäßige Gestaltung der zwischenzweiglichen wie der zwischenbetrieblichen Beziehungen nicht nur möglich, sondern im Interesse der Verwirklichung des Ziels der sozialistischen Produktion notwendig macht, kommt dem Erkennen des zwischen ihnen bestehenden *engen wechselseitigen Zusammenhangs* große Bedeutung zu. Die von Marx vorausgesagte „neue höhere Synthese, des Vereins von Agrikultur und Industrie“[1], für die mit der sozialistischen Umgestaltung der Landwirtschaft entscheidende Voraussetzungen geschaffen wurden, schließt die Entwicklung rationeller, auf die Erhöhung der Produktion und der Effektivität gerichteter Beziehungen auf betrieblicher wie volkswirtschaftlicher Ebene gleichermaßen in sich ein.

Deshalb ist es richtiger, die Herausbildung des volkswirtschaftlichen Agrar-Industrie-Komplexes und die Entwicklung der agrar-industriellen Kooperation der Betriebe wie Kormnov u. a.[2] als *einheitlichen Prozeß* zu betrachten, der sich auf verschiedenen Ebenen vollzieht und aus der Sicht des gesamten Reproduktionsprozesses planmäßig gestaltet werden muß.

Diese Betrachtungsweise schließt weder die Anerkennung von Besonderheiten dieses Prozesses auf den verschiedenen Ebenen, noch die Möglichkeit aus, den einen oder anderen Aspekt gesondert zu untersuchen.

Auf spezifische Fragen der Herausbildung und Gestaltung des volkswirtschaftlichen Agrar-Industrie-Komplexes, auf die Bestimmung seines ökonomischen Wesens, der mit seiner Bildung verfolgten ökonomischen, politischen und sozialen Ziele sowie auf die durch sie bestimmte planmäßige Gestaltung der Proportionen seiner Sphären zueinander wurde im Referat, in den Diskussionen und verschiedenen inzwischen vorliegenden Publikationen eingegangen.[3]

Unter Beachtung des oben hervorgehobenen engen wechselseitigen Zusammenhanges zwischen der Herausbildung und der Gestaltung des AIK und der Entwicklung der agrar-industriellen Kooperation der Betriebe muß jedoch betont werden, daß notwendige

---

[1] K. Marx, Das Kapital, Erster Band, in: MEW, Bd. 23, Berlin 1962, S. 528.

[2] Autorenkollektiv unter Leitung von Ju. F. Kormnov, Agrarno-promšlennaja integracija stran-členov SĖV, Moskva 1976, S. 127.

[3] Vgl. Industriemäßige Produktionsmethoden in der sozialistischen Landwirtschaft der DDR, Berlin 1976; Zur Agrar- und Bündnispolitik der SED, Berlin 1977; Die sozialistische Intensivierung und der Übergang zu industriemäßigen Produktionsmethoden in der Landwirtschaft des entwickelten Sozialismus, Berlin 1978.

Fortschritte bei der Gestaltung zweckmäßiger Proportionen zwischen den Zweigen und Bereichen untrennbar mit den Fortschritten verbunden sind, die bei der konkreten Verflechtung der Produktion auf betrieblicher Ebene erreicht werden. Die im Programm der SED geforderte immer bessere Leitung und Planung des AIK im Interesse des ganzen Volkes[4] wird nachhaltig davon beeinflußt, wie sich

– die konkreten Kooperationsbeziehungen der LPG und VEG mit den der Landwirtschaft vor- oder nachgelagerten Betrieben der Industrie vertiefen,

– einheitliche technologische Ketten von der Produktion über die Verarbeitung bis zum Absatz herausbilden,

– neue, dem arbeitsteiligen Zusammenwirken der Betriebe entsprechende Organisationsformen entwickeln und vervollkommnen und wie dieses Zusammenwirken der Betriebe für die Steigerung der Produktion und Effektivität wirksam gemacht wird.

Je mehr Detailaufgaben hinsichtlich der Abstimmung der Produktion, der rationellen Auslastung der Produktionsmittel, der Erhöhung der Qualität der Erzeugnisse, des zweckmäßigen Einsatzes von Investitionen sowie der Arbeitskräfte bereits auf dieser Ebene geklärt werden können, desto größere Möglichkeiten entstehen auf zentraler Ebene, sich Grundsatzfragen der Entwicklung zu widmen. Desto genauer können die Proportionen zwischen den verschiedenen Zweigen und Bereichen gestaltet werden.

Auch für die Verwirklichung der mit der Gestaltung des volkswirtschaftlichen AIK verfolgten politischen und sozialen Ziele werden durch die konkrete agrar-industrielle Kooperation auf betrieblicher Ebene entscheidende Bedingungen geschaffen.

Hervorgehoben sei insbesondere:

– die weitere Vertiefung des Bündnisses zwischen der Arbeiterklasse und der Klasse der Genossenschaftsbauern, die vor allem im Bereich der materiellen Produktion bei der gemeinsamen Lösung neuer, herangereifter Fragen erfolgt und

– die weitere Verringerung noch bestehender wesentlicher Unterschiede zwischen Stadt und Land.

Die Analyse des erreichten Standes der zwischenbetrieblichen Beziehungen ist deshalb von der AIK-Forschung nicht zu trennen. Sie kann aus spezifischer Sicht dazu beitragen, deutlicher zu machen, welchen Entwicklungsstand die agrar-industrielle Kooperation auf betrieblicher wie auf volkswirtschaftlicher Ebene erreicht hat und welche Aufgaben in einem gegebenen Zeitraum vordringlich zu lösen sind. Dabei muß unterstrichen werden, daß jeder weitergehende Schritt bei der Gestaltung des volkswirtschaftlichen AIK reale Fortschritte bei der Entwicklung der Beziehungen zwischen den landwirtschaftlichen und industriellen Betrieben voraussetzt. Interessant und zugleich eine wichtige Ergänzung der im Referat enthaltenen Angaben zur AIK-Entwicklung sind deshalb die Forschungsergebnisse zur Entwicklung der agrar-industriellen Kooperation auf betrieblicher Ebene, die in letzter Zeit publiziert wurden.[5] Das sich in der Veränderung globaler Daten des AIK wie Verteilung der Bruttoproduktion, der Grundfonds oder der Arbeitskräfte auf seine einzelnen Sphären widerspiegelnde, immer engere Zusammenwirken verschiedener Bereiche der Volkswirtschaft findet seinen konkreten Ausdruck in der sich

---

[4] Vgl. Programm der Sozialistischen Einheitspartei Deutschlands, Berlin 1976, S. 32.

[5] Vgl. B. Scheuer, H.-G. Schulze, G. Wolf, Die planmäßige Gestaltung der agrarindustriellen Kooperation – Bestandteil der weiteren sozialistischen Intensivierung, in: Wirtschaftswissenschaft, 2/1978, S. 156–168; W. Holzschuh, M. Kittner, J. Rudolph, E. Seim, Zur Vertiefung der agrarindustriellen Kooperation von LPG und VEG mit Betrieben der Verarbeitungsindustrie und des Handels in Kooperationsverbänden, in: Wirtschaftswissenschaft, 9/1978, S. 1041–1051.

ausweitenden und qualitativ verbessernden Kooperation landwirtschaftlicher und industrieller Betriebe. Verwiesen sei hier lediglich auf die Entwicklung der Kooperationsverbände (KOV) als die in der DDR am weitesten verbreitete Organisationsform der agrar-industriellen Kooperation. Ihre Anzahl und ihr Anteil an der Marktproduktion sind in den zurückliegenden zehn Jahren kontinuierlich gewachsen (vgl. Tab. 1). Die Verbandsarbeit hat sich insgesamt positiv auf die weitere Erhöhung der Produktion, der Qualität der Erzeugnisse und der Versorgungswirksamkeit ausgewirkt. Ungeachtet dieser guten Ergebnisse gibt es jedoch zwischen den einzelnen KOV beträchtliche Unterschiede in der Organisation des Zusammenwirkens sowie der Verbindlichkeit der zwischen den Betrieben bestehenden Beziehungen.

Tabelle 1
Entwicklung der Kooperationsverbände in der DDR

Erzeugnislinie	Anzahl der KOV 1967	1971	1977	Anteil der KOV am staatlichen Aufkommen 1977* (Prozent)
Fleisch	19	94	100	—
Schlachtschwein	—	74	70	66
Schlachtrind	—	20	30	28
Milch	4	83	79	67
Schlachtgeflügel, Eier	—	17	13	34
Speisekartoffeln	6	62	43	65
Gemüse	5	22	15	60
Obst	—	12	12	63
Mähdruschfrüchte	—	41	34	66
Zucker und Stärke	2	30	27	66

* Stand 30. 6. 1977
Quelle: B. Scheuer, H.-G. Schulze, G. Wolf, Die planmäßige Gestaltung der agrarindustriellen Kooperation – Bestandteil der weiteren sozialistischen Intensivierung, in: Wirtschaftswissenschaft, 2/1978, S. 164.

In nicht wenigen KOV reduziert sich diese Zusammenarbeit noch auf die Organisation des Erfahrungsaustausches. Und selbst in den weiterentwickelten KOV sind noch längst nicht alle Reserven zur rationellen Ausnutzung der zur Verfügung stehenden Fonds, der Durchsetzung des wissenschaftlich-technischen Fortschritts in allen Mitgliedsbetrieben, der Organisation einer stabilen und kontinuierlichen Produktion sowie der Erhöhung der Effektivität des Reproduktionsprozesses der gesamten Kette miteinander verbundener Betriebe ausgeschöpft worden. Aber gerade hierauf wurde auf der 8. Tagung des ZK der SED erneut mit Nachdruck orientiert[6].

Bei der weiteren Gestaltung des volkswirtschaftlichen Agrar-Industrie-Komplexes in der DDR gilt es, diesem realen Stand Rechnung zu tragen und Voraussetzungen zu schaffen, die bedeutenden in diesem Bereich der Volkswirtschaft eingesetzten materiellen Mittel noch wirksamer zur Steigerung der Nahrungsmittelproduktion und der weiteren Verbesserung der Versorgung der Bevölkerung zu nutzen.

---

[6] Vgl. 8. Tagung des ZK der SED, Aus dem Bericht des Politbüros an das Zentralkomitee der SED, Berichterstatter: Genosse Erich Honecker, Berlin 1978, S. 33.

H. Döring, E. Krauß

Zur Rolle der neuen Musterstatuten der LPG Pflanzenproduktion und der LPG Tierproduktion

Bei der weiteren Verwirklichung der vom IX. Parteitag der SED beschlossenen Agrarpolitik kommt der konsequenten Durchsetzung der Musterstatuten und Musterbetriebsordnungen der LPG Pflanzenproduktion und der LPG Tierproduktion große Bedeutung zu. Die neuen Musterstatuten der LPG sind als agrarpolitische Dokumente Meilensteine der weiteren gesellschaftlichen Entwicklung auf dem Land, die fest eingeordnet ist in die weitere Gestaltung der entwickelten sozialistischen Gesellschaft in der DDR, wie sie im Programm der SED, beschlossen auf dem IX. Parteitag, vorgezeichnet ist.

Die neuen Musterstatuten entstanden im direkten Auftrag des IX. Parteitages der SED. In ihnen „zeigt sich, wie die marxistisch-leninistische Agrarpolitik unserer Partei konsequent weiterentwickelt und der Leninsche Genossenschaftsplan bei uns auf die gegenwärtigen Gegebenheiten angewandt wird ... Sie dienen der ständigen Festigung des Bündnisses der führenden Arbeiterklasse mit der Klasse der Genossenschaftsbauern. In ihnen kommt zum Ausdruck, daß die Genossenschaftsbauern in diesem Bündnis einen wertvollen Beitrag zur Gestaltung der entwickelten sozialistischen Gesellschaft in der Deutschen Demokratischen Republik leisten“[1].

Die neuen Musterstatuten und Musterbetriebsordnungen der LPG haben die Aufgabe, die sozialistische Intensivierung und den schrittweisen Übergang zu industriemäßigen Produktionsmethoden in der Landwirtschaft der DDR auf dem Wege der Kooperation umfassend zu fördern. Sie sind die folgerichtige Fortsetzung der bisherigen Musterstatuten der LPG Typ I, II und III, die in der vergangenen Entwicklungsetappe unserer sozialistischen Landwirtschaft als Führungsdokumente wesentlich dazu beigetragen haben, die sozialistische Umwälzung auf dem Lande durchzuführen, die genossenschaftliche Produktion in der Landwirtschaft der DDR fest zu verankern und die sozialistische Lebensweise in den Dörfern zu entwickeln. Die bisherigen Musterstatuten entsprechen aber nicht mehr genügend den Erfordernissen der jetzigen Entwicklungsetappe der Landwirtschaft der DDR, in der es gilt, „die landwirtschaftliche Produktion weiter zu intensivieren und Schritt für Schritt zur industriemäßigen Großproduktion pflanzlicher und tierischer Erzeugnisse in spezialisierten landwirtschaftlichen Produktionsgenossenschaften, volkseigenen Gütern und kooperativen Einrichtungen überzugehen“[2].

Die neuen Musterstatuten und Musterbetriebsordnungen erfassen diese vielschichtigen und komplexen gesellschaftlichen Prozesse und regeln sie mit der erforderlichen juristischen Verbindlichkeit. Sie sind damit zugleich grundlegende agrarrechtliche Rege-

[1] E. Honecker, Die sozialistische Revolution in der DDR und ihre Perspektiven, Berlin 1977, S. 37.

[2] Bericht des Zentralkomitees der Sozialistischen Einheitspartei Deutschlands an den IX. Parteitag der SED, Berichterstatter: Genosse Erich Honecker, Berlin 1976, S. 62.

lungen, die dem gesamten Agrarrecht der DDR das Gepräge geben. In den neuen Regelungen kommt zugleich zum Ausdruck, daß sich die Agrarpolitik der SED in voller Übereinstimmung mit der Agrarpolitik der KPdSU befindet, daß die Sowjetunion auch in der heutigen Entwicklungsetappe der Landwirtschaft der DDR das Beispiel gibt.

Von grundlegender politischer Bedeutung ist die Feststellung in den Musterstatuten, daß die LPG als Grundeinheiten der Produktion in der sozialistischen Landwirtschaft voll den Erfordernissen der entwickelten sozialistischen Gesellschaft entsprechen und nach den Prinzipien des Leninschen Genossenschaftsplanes arbeiten (Präambel der Musterstatuten).

Darin kommt zum Ausdruck, daß die LPG Pflanzen- und Tierproduktion Genossenschaften Leninschen Typs sind und bleiben, daß die Klasse der Genossenschaftsbauern in der DDR eine klare Entwicklungsperspektive besitzt. Die LPG werden charakterisiert als sozialistische Landwirtschaftsbetriebe, die Bestandteil der einheitlichen sozialistischen Volkswirtschaft der DDR und Schulen des Sozialismus für die in ihnen tätigen Genossenschaftsbauern und Arbeiter sind. Somit sind und bleiben die LPG grundlegende politisch-soziale Gemeinschaften der in ihnen vereinigten Kollektive von Genossenschaftsbauern und Arbeitern.

Die neuen Musterstatuten der LPG sind Ausdruck der Kontinuität der Agrarpolitik von Partei und Staat. Deshalb werden in ihnen die bewährten Prinzipien der Leitung der LPG nach dem Prinzip der genossenschaftlichen Demokratie, der genossenschaftlichen Arbeit und Verteilung beibehalten und zugleich den neuen Erfordernissen entsprechend weiterentwickelt.

In den Musterstatuten werden zusammen mit der Fixierung der Stellung der LPG in Wirtschaft und Gesellschaft ihre Aufgaben und Verantwortung gegenüber Staat und Gesellschaft formuliert. Dabei wird besonders die Verantwortung einer jeden LPG für die Erfüllung ihres Anteils bei der Lösung der Hauptaufgabe hervorgehoben.

Mit der Feststellung, daß sich die LPG in ihrer gesamten Tätigkeit von den richtungsweisenden Beschlüssen der Partei der Arbeiterklasse sowie den vom sozialistischen Staat übertragenen Aufgaben leiten läßt, wird das Prinzip des demokratischen Zentralismus auch in den neuen Musterstatuten fest verankert. Das gewährleistet, daß sich die politische, ökonomische, kulturelle und soziale Entwicklung der LPG stets im Einklang mit der gesamtgesellschaftlichen Entwicklung vollzieht.

Die Kooperation als Wesenszug der Agrarpolitik der SED prägt den Charakter der LPG in der jetzigen Entwicklungsetappe in bedeutendem Maße, so daß man mit Fug und Recht feststellen kann, daß die gesellschaftliche Stellung der LPG und ihre gesamte Tätigkeit nur noch bei umfassender planmäßiger Kooperation mit anderen Betrieben der Land- und Nahrungsgüterwirtschaft sowie mit Betrieben anderer Volkswirtschaftszweige erklärbar und durchführbar ist. Der Ausbau vielfältiger Kooperationsbeziehungen wird daher in den Musterstatuten zur Aufgabe und Pflicht der LPG erklärt. Ein ganzer Abschnitt der Musterstatuten ist der Gestaltung der zwischenbetrieblichen Kooperation gewidmet. In den Musterstatuten wird an hervorragender Stelle hervorgehoben, daß die LPG unverrückbar nach den Prinzipien der genossenschaftlichen Demokratie arbeitet und die sozialistische Betriebswirtschaft durchsetzt. Die weitere Vervollkommnung der genossenschaftlichen Demokratie unter den Bedingungen industriemäßiger Produktion ist ein Grundanliegen der Musterstatuten und Musterbetriebsordnungen der LPG. Dabei sind vor allem folgende Aspekte hervorzuheben:

– Der Übergang zur industriemäßigen Produktion erfordert, an dem bewährten genossenschaftlichen Grundsatz festzuhalten, daß auf der Grundlage verbindlicher staatlicher Rechtsvorschriften die Genossenschaftsbauern und Arbeiter in der LPG selbst über die genossenschaftlichen Entwicklungsfragen entscheiden. Dabei kommt auch künftig der Vollversammlung als dem obersten Beratungs- und Entscheidungsorgan der LPG besondere Bedeutung zu. Das wird unterstrichen durch die Festlegung des Fragenkataloges in den Musterstatuten, über die nur die Vollversammlung zu entscheiden berechtigt ist.

– Die Kompetenzen des Vorstandes als kollektives Leitungsorgan der LPG und des Vorsitzenden der LPG, der in seiner Tätigkeit an die Beschlüsse von Vollversammlung und Vorstand gebunden ist, werden in den Musterstatuten exakt bestimmt.

– Da bei industriemäßiger Produktion und den größeren Dimensionen der LPG die Vollversammlung in größeren zeitlichen Abständen (vierteljährlich) zusammentritt, kommt der umfassenden Einbeziehung der Genossenschaftsbauern und Arbeiter in die Leitung und Planung der LPG in weiteren Formen große Bedeutung zu. Dabei orientieren die neuen Regelungen vor allem auf die regelmäßige monatliche Durchführung von Brigade- bzw. Abteilungsversammlungen, auf die aktive Tätigkeit der genossenschaftlichen Kommissionen und die Entwicklung der Arbeit von Brigade- und Abteilungsräten.

– Die genossenschaftliche Demokratie in den LPG wird zunehmend geprägt durch das gleichberechtigte Zusammenwirken von Genossenschaftsbauern und Arbeitern in den LPG bei der Leitung und Planung sowie bei der Durchführung der genossenschaftlichen Arbeit. Deshalb legen die Musterstatuten der LPG fest, daß die Arbeiter in der LPG gleichberechtigt mit den Genossenschaftsbauern in der Vollversammlung, im Vorstand und in anderen genossenschaftlichen Gremien beraten und entscheiden. Dort, wo die Voraussetzungen vorliegen, bilden die Arbeiter in der LPG eine Gewerkschaftsorganisation und wählen eine Gewerkschaftsleitung, die eng mit dem Vorstand und anderen genossenschaftlichen Organen zusammenarbeitet. Die Musterstatuten der LPG eröffnen für diese Entwicklung den Weg. Damit verbinden sich in den LPG künftig Formen der genossenschaftlichen Demokratie mehr und mehr mit anderen Formen der sozialistischen Demokratie, was ein Ausdruck der gesellschaftlichen Weiterentwicklung der LPG in der DDR ist.

– Schließlich sei zur genossenschaftlichen Demokratie hervorgehoben, daß mit der Entwicklung der zwischenbetrieblichen Kooperation, insbesondere zwischen den sozialistischen Landwirtschaftsbetrieben selbst, die genossenschaftliche Demokratie den Rahmen der einzelnen LPG überschreitet. Für das kooperative Zusammenwirken der Betriebe der Pflanzen- und der Tierproduktion schaffen sich die LPG, VEG und ihre kooperativen Einrichtungen die erforderlichen Beratungsgremien in Gestalt von Kooperationsräten, die Empfehlungen für die Gestaltung effektiver Kooperationsbeziehungen zwischen den Betrieben erarbeiten und den Betrieben zur endgültigen Beschlußfassung unterbreiten. Mit der Arbeit dieser Kooperationsräte wird der Blick der Genossenschaftsbauern und Arbeiter über den Rahmen der einzelnen LPG hinaus geweitet; ihr volkswirtschaftliches Denken wird entwickelt, und die Verantwortung für den Beitrag der gesamten Landwirtschaft zur Stärkung der Arbeiter-und-Bauern-Macht erhöht sich. Die Musterstatuten der LPG unterstützen diesen Prozeß, indem sie im einzelnen die Aufgaben, mit denen sich die verschiedenen Kooperationsräte zu befassen haben, bestimmen.

Mit der Aussage in den Musterstatuten der LPG, daß in den Genossenschaften Genossenschaftsbauern und Arbeiter gleichberechtigt zusammenarbeiten, ist zugleich die Festlegung verbunden, daß Genossenschaftsbauern und Arbeiter in den LPG die gleichen grundsätzlichen Rechte und Pflichten haben. Das wird in den Musterstatuten hervorgehoben. Diese gleichen Rechte und Pflichten sind auf die Erfordernisse der industriemäßigen Produktion zugeschnitten. Sie sichern, daß die Genossenschaftsbauern und Arbeiter in den LPG ihre verfassungsmäßigen Grundrechte und Grundpflichten voll wahrnehmen können. Dazu gehören solche grundlegenden Rechte wie das Recht auf Arbeit und auf Vergütung nach der Arbeitsleistung, das Recht auf Teilnahme an der Leitung und Planung der LPG, das Recht auf umfassende Entfaltung der sozialistischen Persönlichkeit usw. Zugleich beachten die Musterstatuten, daß es zwischen Genossenschaftsbauern und Arbeitern auch weiterhin noch Klassenunterschiede gibt, die sich auch in der Regelung der Musterstatuten widerspiegeln. Deshalb heißt es in den Musterstatuten, daß für die Arbeiter das sozialistische Arbeitsrecht, insbesondere das Arbeitsgesetzbuch gilt, während für die Genossenschaftsbauern das LPG-Recht zutrifft. Die neuen Regelungen in den Musterstatuten sind dabei ein Impuls, um den sich objektiv vollziehenden Prozeß der Annäherung der Klasse der Genossenschaftsbauern und der Arbeiterklasse zu unterstützen. Das zeigt sich zum Beispiel an vielen Stellen in den Musterstatuten und Musterbetriebsordnungen, wo Hinweise gegeben werden, daß und wie die Regelungen von Rechten und Pflichten für die Genossenschaftsbauern an arbeitsrechtliche Regelungen angenähert oder angeglichen werden sollen. Das gilt auch für den ganzen Komplex der sozialpolitischen Maßnahmen. Erstmals konnten in Musterstatuten der LPG in so umfassender Weise die sozialen Rechte der Genossenschaftsbauern geregelt werden (z. B. das Recht auf Freizeit und Erholung, Unterstützung bei Krankheit und Alter, Sicherung der Rechte der Frauen, insbesondere der werktätigen Mütter und der Jugendlichen). Diese neuen Regelungen dokumentieren die historischen Errungenschaften des sozialistischen Dorfes, die durch die konsequente marxistisch-leninistische Agrarpolitik der Partei der Arbeiterklasse erst möglich geworden sind und von denen die werktätigen Bauern in einem kapitalistischen Land kaum zu träumen wagen. Hier zeigt sich in einem Teilbereich des gesellschaftlichen Lebens, wie wesentliche Unterschiede zwischen Stadt und Land planmäßig überwunden werden, nach Maßgabe natürlich der gesellschaftlichen Möglichkeiten.

Auf der Grundlage der Musterstatuten und Musterbetriebsordnungen der LPG Pflanzenproduktion und Tierproduktion ist in den vergangenen Monaten in den Dörfern bereits eine umfangreiche gesellschaftliche Arbeit geleistet worden, um diese neuen Regelungen mit Leben zu erfüllen. Es gilt hier die Feststellung des Genossen Honecker auf dem IX. Parteitag der SED: „Natürlich hat unser Staat nicht nur Recht zu setzen, er hat es auch konsequent durchzusetzen“[3].

Während ein Teil der LPG bereits ihr neues Statut und die Betriebsordnung beschlossen haben, steht vor zahlreichen LPG diese Aufgabe in den nächsten Monaten noch bevor. Die bisherigen Erfahrungen zeigen, daß immer dort gute Ergebnisse für die weitere Festigung und Entwicklung der LPG und ihrer kooperativen Einrichtungen erreicht wurden, wo die Beratung zu Statut und Betriebsordnung eng mit der Beratung und Durchführung der Produktionsaufgaben verbunden wurde. Bei der Beratung über das Statut gilt es stets, zu prüfen, inwieweit die in der LPG geübte Praxis mit den Anforderungen des Musterstatuts im Einklang steht und welche Maßnahmen durchzu-

[3] Ebenda, S. 113.

führen sind, um die genossenschaftliche Arbeit auf das Niveau des Musterstatuts zu bringen.

Dabei stehen nach wie vor solche Fragen im Mittelpunkt der Diskussion wie die Durchsetzung der genossenschaftlichen Demokratie und der sozialistischen Betriebswirtschaft nach den Maßstäben des Musterstatuts, die Entwicklung der Kooperationsbeziehungen (insbesondere zwischen den Betrieben der Pflanzen- und Tierproduktion) nach den im Musterstatut gestellten Anforderungen unter voller Entfaltung der Arbeit der Kooperationsräte. Ein weiterer Schwerpunkt ist die Durchsetzung der sozialpolitischen Maßnahmen, wie sie in den Musterstatuten und Musterbetriebsordnungen vorgesehen sind, wobei besonderes Interesse die Sicherung der Rechte der Alten und Kranken in der Genossenschaft verdient. Auch das Recht der Genossenschaftsbauern und Arbeiter auf Führung einer persönlichen Hauswirtschaft in dem von den Musterstatuten gesteckten Rahmen muß in jeder LPG voll gewährt werden.

Die Annahme und Einführung des neuen Statuts in den LPG ist also kein formaler Akt, sondern ein Prozeß schöpferischer demokratischer Initiativen der Genossenschaftsbauern und Arbeiter, der zu weiteren Fortschritten in der Produktion und bei der Entwicklung der Arbeits- und Lebensbedingungen in unserer Landwirtschaft führen muß.

G. Kaulitzki

Zu einigen Problemen der Planung von Wissenschaft und Technik in der sozialistischen Landwirtschaft durch die örtlichen Staatsorgane

Ausgehend vom Programm der SED und der Direktive des IX. Parteitages der SED zur Entwicklung der Volkswirtschaft der DDR in den Jahren 1976–1980 kommt es darauf an, den wissenschaftlich-technischen Fortschritt als Hauptfaktor der Intensivierung zielgerichtet zu leiten und zu planen. Die beschleunigte Anwendung des wissenschaftlich-technischen Fortschritts ist mit hohen Ansprüchen an die Leitung und Planung verbunden. Ein Hauptproblem der Leitung und Planung besteht darin, den wissenschaftlich-technischen Fortschritt komplex zu erfassen und immer besser zu beherrschen.

Die Komplexität des wissenschaftlich-technischen Fortschritts verstärkt sich auch in der Landwirtschaft durch seinen inneren, gesetzmäßigen Zusammenhang mit dem sozialökonomischen Fortschritt, durch seine enger werdenden Wechselbeziehungen mit allen anderen Intensivierungsfaktoren, durch seine engen Verbindungen und Wechselbeziehungen mit allen Phasen des Reproduktionsprozesses und durch die umfangreichen und tiefen Verflechtungsbeziehungen zwischen den Zweigen und Bereichen der Volkswirtschaft sowie im Rahmen der sozialistischen ökonomischen Integration bei der Vorbereitung und Lösung großer Forschungsvorhaben. Das bedingt eine weitere Erhöhung der Komplexität der Planung des wissenschaftlich-technischen Fortschritts.

Bei der Planung unter den Bedingungen der weiteren Gestaltung der entwickelten sozialistischen Gesellschaft und der Intensivierung auf neuer Stufe erhält die Verbindung von Wissenschaft und Produktion besonderes Gewicht, wie das auch im Einführungsreferat von Prof. Sachse hervorgehoben wurde. Das erfordert, daß einerseits die wissenschaftlich-technischen Erkenntnisse und Erfahrungen fortgeschrittener Betriebe immer unmittelbarer in den Produktionsprozeß einfließen und somit zur Voraussetzung jeder Intensivierung werden und anderseits die Produktion ständig neue Aufgaben an die Wissenschaft stellt und die Landwirtschaft im zunehmenden Maße zu einem Bereich angewandter Wissenschaft wird.

Als wichtigstes Instrument zur Durchsetzung der Wirtschafts- und Sozialpolitik ist der Plan zugleich auch die Hauptform, über die sich die Verbindung von Wissenschaft und Produktion vollzieht. Ist die Planung prinzipiell ein entscheidender Vorzug sozialistischer Verbindung von Wissenschaft und Produktion, so erfordert die Beschleunigung des wissenschaftlich-technischen Fortschritts die weitere Vervollkommnung der Planung selbst.

Bei der Planung des wissenschaftlich-technischen Fortschritts auf der Ebene der Bezirke, Kreise und Betriebe sind gegenwärtig noch folgende Probleme zu verzeichnen:

Die politisch-ideologische und fachliche Vorbereitung zur Verwirklichung des wissenschaftlich-technischen Fortschritts weist nicht überall den erforderlichen Vorlauf auf. Die geplanten Maßnahmen des wissenschaftlich-technischen Fortschritts werden noch nicht exakt genug mit den Qualifizierungsmaßnahmen abgestimmt. Die konkreten Kenntnisse über die Ergebnisse aus der Wissenschaft und Neuerertätigkeit, über neue Produktionsmethoden und Technologien entsprechen nicht immer den Erfordernissen.

Die Erarbeitung der Planziele des wissenschaftlich-technischen Fortschritts wird von den staatlichen Organen der Bezirke und Kreise noch nicht begründet genug unter Beachtung der Komplexität der Intensivierung und der sich entwickelnden Produktionsstruktur vorgenommen. Die übergebenen Planaufgaben und -auflagen berücksichtigen nicht ausreichend die Entwicklungsschwerpunkte und die konkreten Produktionsbedingungen in den Kreisen bzw. Betrieben.

Bei der Planung des wissenschaftlich-technischen Fortschritts wurden bisher meistens über alle Planungsebenen die gleichen Maßnahmen geplant, wobei auch solche enthalten waren, die in einer Reihe von Kreisen bzw. Betrieben bereits durchgesetzt waren. Teilweise fehlte eine gründliche Abstimmung der Maßnahmen des wissenschaftlich-technischen Fortschritts mit den erforderlichen materiell-technischen Voraussetzungen bzw. die Koordinierung mit vorgesehenen Neuererleistungen. Weiterhin wurde bisher eine direkte Beziehung zur Produktions-, Grundfonds-, Arbeitskräfte- und Finanzplanung vielfach nicht hergestellt. Die rasche Einführung des wissenschaftlich-technischen Fortschritts wurde auch behindert durch unzureichende Aussonderung, nicht ausreichende Investitionsvorbereitung und zu geringe Kapazität je Vorhaben, die zu langen Bauzeiten und zu einem hohen Anteil unvollendeter Investitionen führten.

Der zu erreichende ökonomische Nutzen wird zu wenig in den Betriebsplänen ausgewiesen. Das teilweise Fehlen von Normativen und Vergleichsparametern über Aufwendungen und zu erwartende Ergebnisse erschwert den Ausweis des ökonomischen Nutzens und die Verbindung zur Produktions-, Arbeitskräfte- und Finanzplanung. Eine Ursache besteht darin, daß sich der erzielbare Nutzen nicht immer einfach ermitteln läßt. Probleme gibt es vor allem dann, wenn der Nutzen aus einem Komplex von Maßnahmen hervorgeht bzw. erst beim Verbraucher des Erzeugnisses wirksam wird, wie z. B. bei der Erzeugung von Strohpellets.

Die dargelegten Probleme sind meines Erachtens vor allem zurückzuführen auf

- die nicht immer klare und eindeutige Position der Leiter zum wissenschaftlich-technischen Fortschritt,
- die noch nicht ausreichende Komplexität der Planung des wissenschaftlich-technischen Fortschritts,
- die teilweise noch ungenügende Übereinstimmung zwischen dem Umfang der Maßnahmen und den erforderlichen materiell-technischen Kapazitäten,
- die noch nicht mit der erforderlichen Konsequenz vorgenommenen Kontrollen der geplanten Maßnahmen durch staatliche Organe.

Die Abteilungen Land- und Nahrungsgüterwirtschaft bei den Räten der Bezirke und Kreise haben zu sichern, daß die Planpositionen des Planteiles Wissenschaft und Technik in den LPG, GPG und ihren kooperativen Einrichtungen realisiert, die Neuerertätigkeit entfaltet und eine breite Nachnutzung der Neuerungen gesichert werden. Sie haben zu gewährleisten, daß für die Realisierung der geplanten Maßnahmen des wissenschaftlich-technischen Fortschritts alle im Territorium vorhandenen Institutionen einbezogen und ihre Tätigkeit koordiniert werden. Von der bezirklichen und kreislichen Ebene hängt entscheidend ab, mit welchem Niveau die Planung des wissenschaftlich-technischen Fortschritts erfolgt und mit welcher Konsequenz auf die Realisierung der Planpositionen Einfluß genommen wird.

Mit der Planung des wissenschaftlich-technischen Fortschritts auf dieser Ebene sind der Inhalt der Aufgaben, ihre arbeitskräfteseitige und materiell-technische Sicherung, die Finanzierung und die Fristen zu bestimmen. Bei der Festlegung der Aufgaben, Kräfte und Mittel zur Verwirklichung des wissenschaftlich-technischen Fortschritts sind mit der Bilanzierung nach den volkswirtschaftlichen und betrieblichen Möglichkeiten und Erfordernissen entsprechende Proportionen zwischen Investitionen und Produktionsumfang, den erforderlichen materiell-technischen Ausrüstungen und dem Umfang der anzuwendenden Maßnahmen zu sichern.

Die volkseigenen Betriebe und Kombinate der Land- und Nahrungsgüterwirtschaft erarbeiten einen Planteil Wissenschaft und Technik, der vor allem die Komplexe Forschung und Entwicklung, technische und organisatorische Maßnahmen (TOM-Plan), Maßnahmen zur Durchsetzung der WAO und Nachweis des ökonomischen Nutzens aus Wissenschaft und Technik, Investitionen und Neuerertätigkeit enthält.

Die LPG, GPG, VEG und kooperativen Einrichtungen erarbeiteten bisher einen Planteil Maßnahmen des wissenschaftlich-technischen Fortschritts, der den Anwendungsumfang der einzelnen Maßnahmen und den zu erreichenden ökonomischen Nutzen auswies. Künftig ist vorgesehen, auch in den LPG, GPG, VEG und kooperativen Einrichtungen einen Planteil Wissenschaft und Technik zu erarbeiten.

Dieser Planteil soll enthalten:

- die Anwendung wissenschaftlich-technischer Ergebnisse,
- die Neuereraufgaben,
- die Investitionen und Rationalisierungsmaßnahmen,
- die Maßnahmen zur Reproduktion der Bodenfruchtbarkeit und Erhöhung der Grundfondsökonomie,
- die Maßnahmen zur Materialökonomie,
- die Anwendung der wissenschaftlichen Arbeitsorganisation,
- sonstige Maßnahmen, z. B. Aufgaben und Ergebnisse aus der Mitwirkung an Forschungs- und Entwicklungsarbeiten.

Die weitere Vervollkommnung der Planung von Wissenschaft und Technik zur Gewährleistung einer höheren Wirksamkeit gegenüber der bisherigen Planung besteht vor allem in

- der Festlegung konkreter abrechenbarer Maßnahmen von Wissenschaft und Technik im Betriebsplan unter Beachtung der konkreten betrieblichen Bedingungen,
- dem Nachweis des ökonomischen Nutzens der geplanten Maßnahmen als Grundlage für die Planung und Abrechnung der betrieblichen Produktivitäts- und Effektivitätsentwicklung,
- der Festlegung der Verantwortlichkeiten für die Durchführung der geplanten spezifischen Maßnahmen von Wissenschaft und Technik in den Produktionskollektiven und
- der Erhöhung der Verbindlichkeit des Planes Wissenschaft und Technik als Grundlage für eine wirksamere Kontrolle im Betrieb und durch die örtlichen Organe.

Mit der Vervollkommnung der Planung von Wissenschaft und Technik in den Betrieben ist zugleich eine noch bessere Übereinstimmung mit der Planung des materiellen und wertmäßigen Reproduktionsprozesses zu gewährleisten.

Zur Vervollkommnung der Planung und planmäßigen Verwirklichung des Planteiles Wissenschaft und Technik sind auf bezirklicher und kreislicher Ebene folgende Aufgaben erforderlich bzw. Konsequenzen zu ziehen:

Vor der Übergabe von Planaufgaben an die Kreise bzw. an die Betriebe ist durch die Abteilung Land- und Nahrungsgüterwirtschaft eine gründliche Analyse des erreichten wissenschaftlich-technischen Niveaus der Produktion und der Arbeitsbedingungen erforderlich. Auf der Grundlage der Analyse und der festgelegten Schwerpunkte in den Intensivierungskonzeptionen sind konkrete Zielstellungen zur Steigerung der Produktion und Erhöhung der Effektivität sowie zur Verbesserung der Arbeitsbedingungen zu erarbeiten, die die natürlichen und ökonomischen Produktionsbedingungen der Kreise und Betriebe berücksichtigen.

Der Planteil Wissenschaft und Technik ist vor den anderen Planteilen zu erarbeiten, wobei gleichzeitig die Beziehungen zu anderen Planteilen vor allem auf der Ebene der Bezirke, Kreise und Betriebe zu beachten sind. Von wesentlicher Bedeutung ist, daß die materiell-technische Absicherung der Maßnahmen des wissenschaftlich-technischen Fortschritts über den Plan gesichert wird. Alle Investitionsvorhaben und Rationalisierungsvorhaben haben zielgerichtet die Anwendung des wissenschaftlich-technischen Fortschritts zu fördern. Die Maßnahmen des wissenschaftlich-technischen Fortschritts sind inhaltlich, zeitlich und kapazitätsmäßig zu koordinieren und zu bilanzieren, um die materiellen, personellen und finanziellen Anforderungen im Rahmen der vorgegebenen Planziele und Fonds zu sichern. Bereits mit der Planung sind die Maßnahmen des wissenschaftlich-technischen Fortschritts mit dem gesamten Intensivierungsprozeß zu verbinden.

Bei der Erarbeitung des Planteiles Wissenschaft und Technik in den LPG, GPG und ihren kooperativen Einrichtungen sind folgende Aspekte zu beachten und auszuweisen:

- Neu in die Produktion einzuführende Maßnahmen des wissenschaftlich-technischen Fortschritts einschließlich neuer Standards, die nach Abschluß der Forschung und Entwicklung zur Anwendung gelangen,
- Inbetriebnahme neuer Kapazitäten für die industriemäßige Pflanzen- und Tierproduktion, die Lagerung sowie Be- und Verarbeitung in Verbindung mit geplanten Investitionsvorhaben,
- Maßnahmen des wissenschaftlich-technischen Fortschritts, deren Anwendung nur begrenzt möglich ist und die hinsichtlich der materiell-technischen Sicherung bilanziert werden müssen,
- Maßnahmen des wissenschaftlich-technischen Fortschritts, deren Breitenanwendung nicht an volkswirtschaftliche Begrenzungen gebunden und für die keine materielltechnische Bilanzierung erforderlich ist,
- Maßnahmen der Neuerertätigkeit und Rationalisatorenbewegung einschließlich MMM-Bewegung sowie ausgewählte wichtige Neuerungen zur Nachnutzung.

In den Prozeß der Planung und der planmäßigen Durchsetzung der Maßnahmen des wissenschaftlich-technischen Fortschritts in den LPG, GPG und ihren kooperativen Einrichtungen sind die ACZ und KfL zielgerichtet einzubeziehen. Durch die Kooperationsräte ist die Koordinierung der Maßnahmen des wissenschaftlich-technischen Fortschritts vorzunehmen. Die abgestimmte gemeinsame Realisierung von Maßnahmen des wissenschaftlich-technischen Fortschritts ist gleichzeitig zur planmäßigen Entwicklung der kollektiven Neuerertätigkeit zu nutzen.

Zur Förderung des wissenschaftlich-technischen Fortschritts ist die materielle und ideelle Stimulierung in Abhängigkeit von der Erfüllung der Aufgaben verstärkt anzuwenden. Solche Möglichkeiten der materiellen Stimulierung bestehen in der leistungsgebundenen Vergütung der Leitungskader bei der planmäßigen Erfüllung abrechenbarer Maßnahmen des wissenschaftlich-technischen Fortschritts, in der Führung persönlicher Konten und in der Gewährung von Prämien auf der Basis des erreichten ökonomischen Nutzens. Bei der moralischen Stimulierung sind die vielfältigsten Formen – Urkunden, Ehrentafel, Delegierung zu Studienreisen – zu nutzen.

Die Betriebsgruppen der Agrarwissenschaftlichen Gesellschaft sind in ihrer Tätigkeit zur Weiterbildung und zur Durchsetzung des wissenschaftlich-technischen Fortschritts in den Betrieben durch die Räte der Kreise und Leiter der Betriebe wirksam zu unterstützen. Der Erfahrungsaustausch ist bei den Fortgeschrittensten an Ort und Stelle mit der Demonstrierung des Beispiels zu organisieren, damit eine Atmosphäre des massenhaften schöpferischen Suchens nach neuen Lösungen geschaffen wird und die neuesten Methoden schnell verallgemeinert werden und breiteste Anwendung finden.

Das Kriterium für die Beurteilung der Wirkungen des wissenschaftlich-technischen Fortschritts besteht darin, welche Veränderungen in der materiell-technischen Basis herbeigeführt werden, wie das ökonomische und das ihm zugrunde liegende wissenschaftlich-technische Niveau der Produktion sowie die Qualität der Erzeugnisse erhöht werden, manuelle körperlich schwere Arbeit vermindert und insgesamt die Arbeitsbedingungen der Genossenschaftsbauern und Arbeiter weiter verbessert werden. Die Effektivität des wissenschaftlich-technischen Fortschritts ist die Gesamtheit der gesellschaftlichen Wirkungen, die durch Anwendung wissenschaftlich-technischer Ergebnisse und Leistungen im Verhältnis zu dem gesellschaftlich notwendigen Aufwand erzielt werden. Da der wissenschaftlich-technische Fortschritt ein komplexer gesellschaftlicher Prozeß und ein dynamischer und aufeinander abgestimmter Neuerungsprozeß ist, der von der Ideenfindung bis zur massenhaften Anwendung der Forschungsergebnisse und Neuerungen in der Produktion reicht, sind bei der Effektivitätsermittlung die Aufwendungen und der Nutzen sowohl bei der wissenschaftlichen Erkenntnisgewinnung als auch bei der Umsetzung der Ergebnisse in der Produktion zu berücksichtigen.

Mit der Forderung, den ökonomischen Nutzen des wissenschaftlich-technischen Fortschritts zu planen, ist zu beachten, daß es hierfür meines Erachtens bisher noch wenig fundierte Lösungswege gibt.

Auf die Höhe der Effektivität der Produktion haben vor allem folgende Faktoren Einfluß:

- die Entwicklung von Wissenschaft und Technik, die breite Anwendung des wissenschaftlich-technischen Fortschritts,
- die Vervollkommnung der Leitung, Planung und ökonomischen Stimulierung der Produktion,
- die Hebung des Bildungsniveaus der Werktätigen und der Vorlauf in der fachlichen Qualifikation,
- die höhere Fondsausstattung der Arbeit und
- die unterschiedlichen natürlichen Produktionsbedingungen.

Diese Faktoren wirken nicht getrennt voneinander, sondern beeinflussen komplex die

Effektivität der Produktion. Bei der Ermittlung des Nutzens des wissenschaftlich-technischen Fortschritts in der Einheit von Erkenntnisgewinnung und Umsetzung in der Produktion sind folgende Aspekte zu beachten:

Erstens: Die neue Ideenfindung bzw. neue Theorien bringen für sich keine meßbare Effektivität. Gegenwärtig ist es noch nicht möglich, den Nutzeffekt neuer Ideen und Theorien exakt in Form einer Aufwands- und Ergebnisrechnung zu ermitteln.

Zweitens: Die Ermittlung des Nutzens ist erst bei Ergebnissen der angewandten Forschung phasenverschoben möglich, so daß hinsichtlich der Berechnungsmethodik die Vorausberechnung, die Präzisierung derselben und die tatsächliche Ist-Abrechnung zu unterscheiden ist. Die voraussichtliche Effektivität der Maßnahmen des wissenschaftlich-technischen Fortschritts ist im Plan auszuweisen und mit dem realisierten ökonomischen Ergebnis zu vergleichen.

Drittens: Kernstück der Effektivität des wissenschaftlich-technischen Fortschritts ist die ökonomische Effektivität. Der Nutzeffekt ist eine gesellschaftliche Kategorie, die sowohl ökonomische als auch soziale und politische Wirkungen einschließt. Daraus ergibt sich die Konsequenz bei der Ermittlung der Effektivität, nicht nur den ökonomischen Nutzen zu berechnen, sondern auch die politischen und sozialen Wirkungen – wenn auch zahlenmäßig kaum möglich, so doch verbal – auszuweisen.

Viertens: Die ökonomische Effektivität des wissenschaftlich-technischen Fortschritts kann nur als Bestandteil des Gesamtresultats der materiellen Produktion betrachtet werden. Diese Effektivität ist Bestandteil des ökonomischen Ergebnisses des gesamten Reproduktionsprozesses. Die ökonomische Effektivität des wissenschaftlich-technischen Fortschritts drückt sich mit aus in

- der Steigerung der Produktion zur besseren Bedürfnisbefriedigung,
- der Erhöhung der Arbeitsproduktivität,
- der Senkung des lebendigen und vergegenständlichten Aufwandes je Erzeugniseinheit,
- der Verbesserung der Qualität der Erzeugnisse und
- der Erhöhung der finanziellen Ergebnisse.

Beim ökonomischen Nutzen der Maßnahmen des wissenschaftlich-technischen Fortschritts ist zwischen dem volkswirtschaftlichen und betrieblichen ökonomischen Nutzen zu unterscheiden. Stets hat der volkswirtschaftliche Nutzen den Vorrang.

Die Ermittlung des ökonomischen Nutzens ist mit Hilfe verschiedener Kennziffern zu messen, sowohl mit allgemeinen Kennziffern als auch mit Einzelkennziffern, die nur einzelne Seiten der ökonomischen Wirkung des wissenschaftlich-technischen Fortschritts zum Ausdruck bringen. Die ökonomische Effektivität des wissenschaftlich-technischen Fortschritts kann nicht absolut mit einer Kennziffer ausgedrückt werden. Dafür sind folgende Gründe zu nennen:

- Die Wirksamkeit der einzelnen Maßnahmen ist sehr unterschiedlich, weil einige Maßnahmen zu einer Ertragssteigerung führen und andere Maßnahmen den Arbeitszeitaufwand verringern oder die Kosten senken bzw. die Qualität der Produkte verbessern.
- Die Wirksamkeit der einzelnen Maßnahmen ist auch zeitlich unterschiedlich, weil einige Maßnahmen – technologische Veränderungen – sofort im gleichen Jahr einen

ökonomischen Nutzen bringen, während bei anderen Maßnahmen – Züchtungsmaßnahmen – erst in den folgenden Jahren ein Nutzen wirksam wird.

— Bei einer Reihe von Maßnahmen ist es schwierig, den Anteil jeder Maßnahme am Produktionsergebnis exakt zu quantifizieren. Ihr ökonomischer Nutzen widerspiegelt sich komplex mit anderen ertrags- und leistungsbeeinflussenden Faktoren.

Zur Planung des ökonomischen Nutzens des wissenschaftlich-technischen Fortschritts sind drei Möglichkeiten zu nennen:

Erstens: Der Ausweis des ökonomischen Nutzens des wissenschaftlich-technischen Fortschritts erfolgt mit allgemeinen Kennziffern, die das Resultat des ganzen Komplexes von Faktoren, einschließlich des wissenschaftlich-technischen Fortschritts ausdrücken. Allgemeine Kennziffern widerspiegeln vor allem

— die Ertragssteigerung in der Pflanzenproduktion je ha,
— die Leistungserhöhung in der Tierproduktion je Tier,
— die Steigerung der Arbeitsproduktivität je Arbeitskraft,
— die Senkung der Kosten je Produkteneinheit.

Mit diesen allgemeinen Kennziffern als Resultat eines ganzen Komplexes von Faktoren wird die Effektivitätswirkung des wissenschaftlich-technischen Fortschritts nicht als spezielle Effektivität ausgewiesen.

Zweitens: Der Ausweis des zu erreichenden ökonomischen Nutzens im Plan erfolgt maßnahmebezogen und in direkter Beziehung zu den staatlichen Planaufgaben. Dabei ist für jede einzelne Maßnahme die dominierende Wirkungsrichtung des ökonomischen Nutzens mit speziellen Kennziffern, wie er konkret dem Inhalt der entsprechenden Maßnahme des wissenschaftlich-technischen Fortschritts entspricht, auszuweisen.

Die handarbeitsparende Rübenpflege zielt z. B. vorwiegend darauf ab, den Aufwand an Arbeitskraftstunden (Akh) in der Pflege zu senken. Für diese Maßnahme ist deshalb der ökonomische Nutzen in der Einsparung von Akh während der Pflegearbeiten und in der Kosteneinsparung von Akh während der Pflegearbeiten und im Plan auszuweisen und auch abzurechnen.

Die LPG und ihre kooperativen Einrichtungen wären überfordert, wenn für jede einzelne Maßnahme des wissenschaftlich-technischen Fortschritts der ökonomische Nutzen sowohl in der dominierenden Wirkungsrichtung als auch von den Nebenwirkungen für den Plan zu ermitteln und abzurechnen wäre.

Drittens: Für die Planung des ökonomischen Nutzens sollten Nutzensnormative für die einzelnen Maßnahmen von den wissenschaftlichen Einrichtungen erarbeitet, gemeinsam mit den Anwenderbetrieben weiter präzisiert und vorgegeben werden. Je nach den Standort- und Produktionsbedingungen sollten die Nutzensnormative variiert werden. Die Vorgabe von Nutzensnormativen als Richtwerte würde wesentlich den Betrieben den Ausweis des ökonomischen Nutzens der Maßnahmen des wissenschaftlich-technischen Fortschritts im Plan und auch die Abrechnung erleichtern.

Die Erarbeitung und Anwendung von Nutzensnormativen setzt voraus

— die kalkulative Berechnung des ökonomischen Nutzens durch wissenschaftliche Einrichtungen,
— die gründliche Ermittlung der Aufwendungen und des Ergebnisses in einer Reihe von Erstanwenderbetrieben,

- die Durchführung von Betriebs- und Leistungsvergleichen,
- die Auswertung von analytischen und statistischen Unterlagen,
- die weitere Vervollkommnung der wirtschaftlichen Rechnungsführung, vor allem eine auf hohem Niveau stehende Kostenrechnung und
- die Nutzung von EDV-Projekten.

Solange keine begründeten Nutzensnormative vorliegen, ist der ökonomische Nutzen mit allgemeinen bzw. speziellen Kennziffern im Plan auszuweisen und abzurechnen.

Die weitere Vervollkommnung der Planung von Wissenschaft und Technik und die Ermittlung des ökonomischen Nutzens erfordern gründliche Untersuchungen, um damit bessere Voraussetzungen zu schaffen, die eine beschleunigte Anwendung des wissenschaftlich-technischen Fortschritts in der sozialistischen Landwirtschaft gewährleisten.

D. Schönknecht / K.-H. Bernhardt

Zu Leitungsaufgaben bei der Vertiefung der Kooperationsbeziehungen zwischen der chemischen Industrie und der Landwirtschaft

Mit der weiteren Herausbildung des Agrar-Industrie-Komplexes vertiefen sich die Verflechtungsbeziehungen zwischen der Landwirtschaft und der Industrie, insbesondere der chemischen Industrie, in quantitativer und qualitativer Hinsicht. Das gilt sowohl für die wechselseitig bedingten Liefer- als auch Abnahmebeziehungen.

Neben der schon traditionellen Bereitstellung von Chemieprodukten, wie Stickstoff- und Phosphordüngemitteln, Pflanzen- und Schädlingsbekämpfungsmitteln, Veterinärpharmaka und anderen Erzeugnissen zur Steigerung der landwirtschaftlichen Produktion, verstärkt sich mit der fortschreitenden Intensivierung der Landwirtschaft der Einfluß der Chemiewissenschaft und der chemischen Industrie auf die Landwirtschaft in Richtung:

- anbaugerechter Chemisierung,
- komplexer Mechanisierung,
- umfassender Melioration und
- zielgerichteter Züchtung.

Dieser Einfluß ist mit der zunehmenden Anwendung neuer Chemieprodukte einschließlich der Anwendung entsprechender chemischer Methoden und Verfahren verbunden, wie z. B. der Mittel zur Beeinflussung der biologischen Prozeßsteuerung (vor allem Halmstabilisatoren u. a.). Gleichzeitig erwächst aber der chemischen Industrie auch die Aufgabe, in größerem Umfang als bisher die landwirtschaftliche Produktion durch die industrielle Erzeugung gleichartiger Produkte (z. B. Eiweiß) zu ergänzen.

Gegenwärtig weist die Chemieproduktion, die in der Landwirtschaft verbraucht wird, einen Anteil von ca. 15% am Produktionsvolumen der chemischen Industrie auf, die z. Z. überwiegend in der VVB Agrochemie und organische Zwischenprodukte und im VEB Chemiekombinat Bitterfeld sowie in der VVB Pharmazie, im VEB Leuna-Werke „Walter Ulbricht" und im VEB Petrolchemisches Kombinat Schwedt produziert werden.

Daneben wird ein nicht unbeträchtlicher Teil der Agrochemikalien außerhalb der chemischen Industrie (z. B. Kalidüngemittel) hergestellt. Hieraus ergibt sich ein bestimmtes Leitungsproblem hinsichtlich der Abstimmung und Koordinierung der Entwicklung von Landwirtschaft und agrochemischer Produktion in der Industrie. Seine Lösung wird vor allem durch die Anwendung von Methoden der Ziel-Programmplanung sowie durch die Auswertung entsprechender sowjetischer Erfahrungen gefördert.

Umgekehrt vertiefen sich aber mit der Entwicklung der Landwirtschaft auch zugleich die Kooperationsbeziehungen, welche die chemische Industrie in der Position des Abnehmers sehen. Letzteres ist vor allem eine Folge der steigenden Mengen an pflanzlichen und tierischen Produkten (z. B. Fette, Harze, Holz, Glucose u. a.), welche die Landwirtschaft der chemischen Industrie als Rohstoffe zur Verfügung stellt.

Im Zentrum der Leistungen, die seitens der chemischen Industrie für die weitere Ausgestaltung der Kooperationsbeziehungen von Bedeutung sind, steht einerseits die quantitative Erweiterung der Produktion traditioneller Agrochemikalien und anderseits die Entwicklung und Produktion einer Reihe qualitativ neuartiger Erzeugnisse, welche mit qualitativen Strukturveränderungen in der Chemieproduktion verbunden sind. Hierbei handelt es sich insbesondere um

— Düngemittel, die noch besser dem Nährstoffbedarf der landwirtschaftlichen Kulturen angepaßt sind und auf der Grundlage der wissenschaftlichen Durchdringung der Beziehungen zwischen Pflanzen, Boden und Düngemittel die Nährstoffverfügbarkeit erhöhen,
— selektiv wirkende Pflanzenschutz- und Schädlingsbekämpfungsmittel,
— neue biologische Wirkstoffe zur biologischen Prozeßsteuerung,
— Chemieprodukte für den Aufschluß und die Konservierung von Futterrohstoffen,
— Rohproteine,
— Aminosäuren und Vitamine.

Mit diesen Aufgaben ist zugleich die Lösung einer ganzen Reihe von Problemen des Transports, des Umschlags, der Lagerung und der Ausbringung agrochemischer Erzeugnisse verbunden, die aus der Sicht der Ökonomie letztlich sehr bedeutend sind. Im Vordergrund steht hierbei die Entwicklung neuer Applikationsformen, die der wechselseitigen Bedingtheit von Chemieproduktion und Technik Rechnung tragen und die auf die Realisierung technologischer Ketten der Chemisierung von der Aussaat bis zur Lagerung und den agrotechnischen Terminen gerichtet sind. Hieraus leitet sich die Aufgabe ab, in Kooperation mit der Landwirtschaft und einigen anderen Industriezweigen, z. B. des Maschinenbaues, weitere Reserven für die Steigerung der Arbeitsproduktivität sowohl in der chemischen Industrie als auch in der Landwirtschaft zu erschließen. Solche Reserven liegen z. B. in der

— Senkung des Verpackungsaufwandes durch den verstärkten Einsatz von Paletten, Tankfahrzeugen, Containern usw.,
— Optimierung der Transportwege und der Senkung der Transportverluste und
— Anwendung rationellerer Hebe- und Fördereinrichtungen und in ähnlichen Möglichkeiten.

Darüber hinaus muß die Entwicklung und Herstellung agrochemischer Erzeugnisse auf der Grundlage aktiver Stoffgruppen auch die Zielstellung hinreichend berücksichtigen, den Gehalt an toxischen Substanzen und an Stoffen, welche die Umwelt belasten, zu verringern.

Die genannten Aufgaben, die zu einer Vertiefung der Kooperationsbeziehungen zwischen der Landwirtschaft und der chemischen Industrie führen und die für die weitere Intensivierung der Produktion in der Landwirtschaft wesentlich sind, bestätigen zugleich die Marxsche Voraussicht, daß bei einem bestimmten Niveau der landwirtschaftlichen Produktion die weitere Steigerung der Agrarproduktion in höherem Maße mit industriellen Vorleistungen verbunden ist.[1]

---

[1] K. Marx, Grundrisse der Kritik der Politischen Ökonomie, Berlin 1974, S. 426.

Die enger werdenden Verflechtungsbeziehungen zwischen Chemie- und Landwirtschaftsproduktion stellen aber auch neue Anforderungen an die *Leitung und Planung* dieser Kooperationsbeziehungen im Rahmen der Gesamtentwicklung des Agrar-Industrie-Komplexes. Dabei spielt – angesichts der weltwirtschaftlichen Bedeutung, die die Sicherung der Nahrungsmittelproduktion besitzt, sowie im Hinblick auf die Beherrschung der vielfältigen Kooperationsbeziehungen und der Existenz längerfristiger Reproduktionszyklen der Grundmittel in der chemischen Industrie – die weitere Qualifizierung der langfristigen Planungsarbeit zur Sicherung der Proportionalität aller Elemente bzw. Teile des Agrar-Industrie-Komplexes eine zentrale Rolle. In enger Zusammenarbeit, ja Gemeinschaftsarbeit, zwischen der Landwirtschaft und der chemischen Industrie geht es vorrangig darum,

— *erstens* die vorliegenden längerfristigen Bedürfnis- und Bedarfseinschätzungen weiter zu qualifizieren bzw. Untersuchungen zu neuen Aufgabenstellungen durchzuführen. Hierbei kommt es für die chemische Industrie nicht nur darauf an, sich den Erfordernissen der Intensivierung der Landwirtschaft anzupassen, sondern insbesondere der eigenen Verpflichtung im Sinne des Angebots von neuen Erzeugnissen aktiv nachzukommen und so die qualitative Seite der Bedarfsentwicklung wirksam zu beeinflussen;

— *zweitens* aus den Bedarfseinschätzungen sowie aus den Analysen zu den Entwicklungstendenzen des wissenschaftlich-technischen Fortschritts die grundlegenden wissenschaftlich-technischen Aufgaben zur Erneuerung des Produktionssortiments und der Technologien abzuleiten und abzustimmen sowie die dazu notwendigen Maßnahmen in die staatlichen Pläne und Bilanzen einzuordnen. (Hier ist angesichts der Tatsache, daß z. Z. etwa 25% der zur Produktion von Agrochemikalien genutzten Technologien und Anlagen nicht mehr den Anforderungen der modernen Produktion entsprechen und ausgesondert werden müssen, und im Hinblick darauf, daß – nach gegenwärtigen Berechnungen – bis 1990 allein für die Erweiterung der Produktion von Agrochemikalien ein Investvolumen notwendig ist, das etwas größer ist als eine Jahresinvestitionsrate der gesamten chemischen Industrie, die Entscheidung zentraler staatlicher Organe bei der Einordnung der Investitionen in die Pläne und Bilanzen unabdingbar.);

— *drittens* den eingeschlagenen Weg der Wahrnehmung der vollen Verantwortung für die Produktion und Bedarfsdeckung bestimmter Agrochemikalien fortzusetzen, wobei – unter Beachtung der Existenz verschiedener Kombinate für die Produktion bestimmter Agrochemikalien – die Erzeugnisgruppenarbeit nach wie vor einen hohen Stellenwert behält;

— *viertens* die zweigspezifische Grundlagenforschung in den betreffenden Kombinaten der chemischen Industrie weiter auszubauen und das Niveau der Applikationsforschung sowie Anwendungstechnik zu sichern bzw. zu erhöhen. Hierfür ist auch die weitere Intensivierung der wissenschaftlichen Zusammenarbeit zwischen der Industrie bzw. Landwirtschaft und den Einrichtungen der Akademien und des Hochschulwesens bedeutsam (In der Grundlagenforschung und der angewandten Forschung stehen insbesondere bei bestimmten Agrochemikalien solche Aufgaben im Vordergrund, wie die Untersuchung der Struktur-Eigenschaftsbeziehungen und die Förderung des Überführungsprozesses in die Produktion durch wissenschaftliche Vorleistungen.) und

— *fünftens* die materiellen Bedingungen für die erforderliche Technik durch die Bearbeitung der entsprechenden wissenschaftlich-technischen Aufgaben, den Ausbau des Rationalisierungsmittelbaues und die weitere Vertiefung der Kooperation mit dem Maschinenbau zu schaffen.

H. Kulka

Ergonomische Probleme und Aufgaben bei der komplexen Intensivierung der landwirtschaftlichen Produktion

Die Durchsetzung der komplexen Intensivierung in der landwirtschaftlichen Produktion geschieht vor allem durch die Einführung industriemäßiger Produktionsmethoden, einmal als Weiterentwicklung und Modernisierung der Technik und Technologie der Pflanzen- und Tierproduktion, zum anderen als neue Formen der individuellen und kollektiven Arbeitsorganisation. Auf diese Weise wird durch den wissenschaftlich-technischen Fortschritt im Zusammenhang mit den gesellschaftlichen Voraussetzungen im Sozialismus die menschheitsälteste Arbeit, Ackerbau und Viehzucht, in die Bahnen der industriellen Großproduktion gelenkt und damit in ihrer Grundstruktur verändert. Zunehmend ersetzen Geräte und Maschinensysteme die körperliche Arbeit des Menschen, machen ihn auch hier zum Vorbereiter und Regulierer technologischer Prozesse. Damit verbunden sind Veränderungen der Betriebs-, Produktions- und Arbeitsorganisation. Wenngleich diese Entwicklungen einen langfristigen Charakter haben und gesamtgesellschaftlich getragen werden müssen, so ist doch der Trend mit den sich ergebenden Hauptproblemen erkennbar, und es können wissenschaftliche Verallgemeinerungen vorgenommen werden.

Ein Sektor der interdisziplinären Forschung und Praxis, der im Verlauf der letzten zehn Jahre in der DDR entwickelt worden ist und zunehmend Profil gewonnen hat, wird mit dem Begriff der sozialistischen Arbeitswissenschaften und ihrem Hauptanwendungsgebiet, der wissenschaftlichen Arbeitsorganisation, bezeichnet.[1] Kennzeichnendes Merkmal ist das vereinte Bemühen um solche Formen der Arbeit, die unter hygienisch einwandfreien Bedingungen, ohne Erschwernisse und Gefährdungen sowie mit Effektivität und hoher Qualität verrichtet werden können und damit persönlichkeitsfördernde Impulse enthalten. Wie die Erfahrungen besagen, sind besonders die Arbeitsinhalte, d. h. die spezifischen Arbeitsanforderungen und die konkreten Tätigkeiten, entscheidende Triebkräfte der Produktivitäts- und Bewußtseinsentwicklung.

Die breite Palette der damit verbundenen Aufgaben und Instrumentarien reicht vom Arbeitsstudium zur Analyse des Istzustandes bis hin zur komplexen Arbeitsgestaltung, jeweils eingeschlossen Mittel und Methoden der Arbeitsnormung, Arbeitsklassifizierung, des Gesundheits- und Arbeitsschutzes sowie der materiellen und ideellen Stimulierung der Werktätigen.

Hauptziele sind die Steigerung der Arbeitsproduktivität, die Verbesserung der Arbeitsbedingungen sowie die Erhöhung von Sicherheit und Zuverlässigkeit in der Arbeit.

Wie erkennbar ist, werden mit dieser Aufgabenstellung bereits in mehreren wissenschaftlichen Institutionen auch Probleme der landwirtschaftlichen Produktion bearbeitet, und es ist zu erwarten, daß die jeweiligen Ergebnisse auch praxiswirksam zur Geltung

[1] Autorenkollektiv, Arbeitswissenschaften für Ingenieure, Leipzig 1974.

gebracht werden. Ohne auf Vollständigkeit bedacht zu sein, seien folgende Themen genannt:

a) auf dem Gebiet der Pflanzenproduktion[2]

- Organisation, Leitung und Planung sowie Abrechnung des Einsatzes von Maschinenkomplexen,
- Erarbeitung von Materialien zur Anwendung für die Planung von Arbeitskampagnen und mehrschichtigen Komplexeinsätzen in Pflanzenproduktionsbetrieben,
- Entwicklung von Zeitmeßgeräten zur Rationalisierung des Arbeitsstudiums (speziell Fahrtschreiber an Landmaschinen),
- Entwurf und Erprobung arbeitshygienisch-ergonomischer Prüf- und Bewertungsrichtlinien für mobile Landtechnik,
- Untersuchungen zum Erfassen von Arbeitsplätzen mit hohen physischen Belastungen und gesundheitsschädigenden Expositionen (wie Vibration[3], Lärm, Staubentwicklung),
- Aufstellung eines Kataloges zur Arbeitsnormung und Vergütung in landwirtschaftlichen Genossenschaften der Pflanzenproduktion.

b) auf dem Gebiet der Tierproduktion[4]

- Ermittlung und Bewertung von Arbeitsanforderungen bei Tätigkeiten der Tierproduktion,
- Analyse von Arbeitsbedingungen und Arbeitsverfahren von Berufstätigen, z. B. der Futtermittelaufbereitung, des Tierpflegekomplexes, der Milchgewinnung,
- Erfassung der Qualifikationsstruktur der Beschäftigten in der Tierproduktion,
- Erarbeitung von WAO-Typenlösungen für Betriebe der Tierproduktion,
- Ermittlung von Besetzungsnormen für Arbeitsplätze im Karussellmelkstand M 691 – 40.

Generell gibt es darüber hinaus Untersuchungen zu Morbiditätsproblemen bei Berufstätigen der Landwirtschaft[5] sowie Aktivitäten zur arbeitsmedizinischen Überwachung und Betreuung spezieller Gruppen von Werktätigen in den landwirtschaftlichen Betrieben.

Besonders unter Berücksichtigung sowjetischer Erfahrungen möchte ich im folgenden auf einen Problemschwerpunkt aufmerksam machen, der für die Intensivierung der landwirtschaftlichen Produktion meines Erachtens von perspektivischer Bedeutung ist und ein spezielles arbeitswissenschaftliches Gebiet ausmacht. Es handelt sich um die Ergonomie mit dem Gegenstand der Analyse und Optimierung von Mensch-Maschine-Syste-

---

[2] A. Bail, H. Dietzel, Rationalisierung des Arbeitsstudiums in der Pflanzenproduktion, in: Sozialistische Arbeitswissenschaft, 3/1970; A. Bail, K. Walter, Zur WAO in der sozialistischen Landwirtschaft, in: Sozialistische Arbeitswissenschaft, 3/1975.

[3] L. Böttcher, Arbeitshygienische Bedingungen an Fahrerplätzen von Traktoren und ähnlichen Fahrzeugen, in: Sozialistische Arbeitswissenschaft, 1/1970.

[4] G. Hasert, Ermittlung und Anwendung von Besetzungsnormen in industriemäßig organisierten Anlagen der Tierproduktion, in: Sozialistische Arbeitswissenschaft, 8/1972; W. P. Sintschenko, W. M. Munipow, G. L. Smoljan, Ergonomische Grundlagen der Arbeitsorganisation, Berlin 1976.

[5] R. Ruppert, Morbiditätsprobleme der berufstätigen Frau, in: Sozialistische Arbeitswissenschaft, 1/1973.

men mit konkreten Schlußfolgerungen für die Arbeitsmittelentwicklung bzw. Anlagengestaltung.

Zu verstehen ist darunter die wissenschaftliche Orientierung auf die Wechselwirkung von menschlicher Leistungsfähigkeit und technischen Möglichkeiten. Dabei sind einerseits hauptsächlich die Wissenschaften, die das menschliche Leistungsvermögen untersuchen, andererseits ingenieurwissenschaftliche Disziplinen beteiligt.

Grundsätzlich gilt es in den Phasen der technischen Projektvorbereitung und -entwicklung Erkenntnisse über menschliche Leistungsfunktionen, sogenannte ergonomische Kenngrößen, einzubeziehen. Die Zielstellung muß dabei sein, bereits im Entwurfs- bzw. Projektierungsstadium von Arbeitsmitteln und großtechnischen Anlagen die Arbeitstätigkeit einzukalkulieren sowie menschliche Leistungsparameter und Komfortbedürfnisse zu beachten.

Dieses Prinzip entspricht sozialistischen Grundauffassungen über die Rolle des Menschen in der Produktion. Dessen Realisierung mit Bezug auf die landwirtschaftliche Produktion durchzusetzen, d. h. bei der Weiterentwicklung mobiler Landmaschinen und stationärer landtechnischer Anlagen, ist meines Erachtens ein wichtiger Faktor im Prozeß der zunehmenden industriemäßigen landwirtschaftlichen Produktion.

Wesentliche Voraussetzungen dafür liegen in der interdisziplinären ergonomischen Forschung und komplexen wissenschaftspraktischen Umsetzung mit spezieller Ausrichtung auf agrarspezifische Bedürfnisse.

In Analogie zu Wirtschaftszweigen, in denen die Technisierung in den letzten Jahrzehnten große Fortschritte gemacht hat, handelt es sich in der landwirtschaftlichen Produktion nach meiner Auffassung um folgende ergonomische Aufgaben und Probleme:

- Auslegung mobiler Landmaschinen der Bodenbearbeitung und der Erntetechnik (hierbei besonders die Gestaltung der Sitz- und Bedienstände[6], der Fahrerkabinen[7] sowie der Steuer- und Kopplungsmechanismen für Gerätekombinationen),
- die Entwicklung informationeller Systeme für die Steuerung und Überwachung von Maschinensystemen im mobilen Einsatz,
- die Errichtung von Schaltpulten und Leitzentralen für die Steuerung und Überwachung von Lager-, Transport- und Weiterverarbeitungsprozessen (z. B. für die Dünger- und Futtermittellagerung und -zubereitung, Sortieranlagen und Verarbeitungsmaschinen landwirtschaftlicher Produkte),
- die Entwicklung von Aufstallungs-, Fütterungs- und Entmistungsanlagen,
- die Komplettierung von Großmelkanlagen,
- die Entwicklung von Technologien intensiver Nutzung und Werterhaltung der Produktionsmittel.

Dabei haben zwei ergonomische Probleme eine zentrale Bedeutung, und zwar die optimale Funktionsteilung zwischen Mensch und Maschine und die Tätigkeit und Beanspruchung des Menschen. Die Untersuchung der optimalen Funktionsteilung zwischen Mensch und Maschine richtet sich primär auf folgende Aufgaben: die Strukturanalyse

---

[6] L. Böttcher, Arbeitshygienische Bedingungen an Fahrerplätzen von Traktoren und ähnlichen Fahrzeugen, in: Sozialistische Arbeitswissenschaft, 1/1970.

[7] W. Pietsch, Erarbeitung von ergonomischen Anforderungen für Erzeugnisse der Maschinensysteme Getreide- und Halmfutterproduktion, Belegarbeit Technische Hochschule Karl-Marx-Stadt 1973.

der körperlichen und geistigen Leistungskomponenten; die Übertragbarkeit psychophysischer Leistungsfunktionen auf technische Mittel bzw. Systeme; die Ersetzbarkeit menschlicher Teiloperationen durch Manipuliermechanismen, selbsttätige Steuerglieder und informationsverarbeitende Anlagen sowie die bestmögliche Funktionsfähigkeit und Zuverlässigkeit der Mensch-Maschine-Systeme.

Die Untersuchung der menschlichen Tätigkeit und Beanspruchung bezieht sich vornehmlich auf die Gestaltung des Tätigkeitsablaufes unter Beachtung der Handlungsregulation und optimaler Arbeitsverfahren; die Gestaltung der technischen, organisatorischen und physikalischen Bedingungen am konkreten Arbeitsplatz; die Gewährleistung zumutbarer und sicherer Arbeit, d. h. von Tätigkeitsvollzügen ohne leistungsbeeinträchtigende Erschwernisse, Gefährdungen und Störungen, und ein ausgeglichenes Verhältnis von physischer und psychischer Beanspruchung sowie Prophylaxe vorzeitiger Ermüdung und von Monotoniezuständen.

Für die Projektierung und Bewertung von Erzeugnissen und Arbeitsmitteln enthält die sowjetische Norm (GOST 16456-70) „Qualität der Produktion. Ergonomische Kenngrößen" solche wichtigen Anhaltspunkte[8] wie: hygienische Kenngrößen (z. B. in bezug auf Lärm, Beleuchtung, Vibration, Verstaubungsgrad, toxische Einflüsse); anthropometrische Kenngrößen (in bezug auf die Übereinstimmung der Konstruktion des Erzeugnisses mit den Abmessungen, der Form und der Gewichtsverteilung des menschlichen Körpers); physiologische und psychophysiologische Kennziffern (hauptsächlich in bezug auf die Übereinstimmung der Konstruktion des Erzeugnisses mit den kraftmäßigen, geschwindigkeitsmäßigen, energetischen und sensorischen Leistungsmöglichkeiten des Menschen) sowie physiologische Kenngrößen (in bezug auf die Übereinstimmung der Konstruktion des Erzeugnisses bzw. ihrer Bauelemente mit dem Fertigkeitsniveau des Menschen sowie seiner Fähigkeit, Informationen aufzunehmen und zu verarbeiten.

Bei der Entwicklung und Modernisierung der Maschinen, Geräte und Anlagen der Landtechnik sind meines Erachtens folgende ergonomische Kriterien bzw. Gestaltungsziele vorrangig:

- leichte Bedienbarkeit und Vermeidung starker bzw. einseitiger körperlicher Beanspruchung,
- gute Ablesbarkeit von Anzeigegeräten, Übersichtlichkeit am Arbeitsplatz bzw. in Kabinen und optimale Prozeßüberwachung,
- Reduzierung mechanischer Schwingungen sowie Maßnahmen der Lärm- und Staubbekämpfung.

Generell ist es als bedeutsames gesellschaftliches Erfordernis anzusehen, bei der komplexen Intensivierung der landwirtschaftlichen Produktion, insbesondere durch Technisierung, mit Hilfe ergonomischer Erkenntnisse und Methoden bestmögliche Lösungen für Mensch-Maschine-Systeme unter Einschluß der Faktoren des Produktionsmilieus zu erarbeiten.

---

[8] GOST 16456-70, Qualität der Produktion, Ergonomische Kenngrößen, Nomenklatur, Verordnung des Komitees für Standards, Maßeinheiten und Meßgeräte beim Ministerrat der UdSSR vom 6. November 1970.

H. Reimann

Zu Problemen des gesellschaftlichen Arbeitsvermögens in der Landwirtschaft

Prof. Sachse hat in seinem Referat grundsätzlich zu den Hauptrichtungen und wesentlichen Aufgaben der Intensivierung der Landwirtschaft der DDR gesprochen. Dabei hat er u. a. sehr eingehend auf die materiellen und personellen Reproduktionsbedingungen hingewiesen und von der prinzipiellen Seite herausgearbeitet, wie diese zu nutzen sind, um eine steigende Produktion mit höherer Stabilität, Qualität und Effektivität zu gewährleisten. Eine der entscheidenden Fragen dabei ist der subjektive Faktor der landwirtschaftlichen Produktion, das gesellschaftliche Arbeitsvermögen. Ich unterstütze völlig den von Prof. Sachse geäußerten Gedanken, in unserer Arbeit der erweiterten Reproduktion des gesellschaftlichen Arbeitsvermögens wesentlich mehr Aufmerksamkeit als bisher beizumessen. In diesem Zusammenhang halte ich es für unumgänglich, als Kriterium der Intensivierung neben Produktionswachstum und Erhöhung der Effektivität vor allem zu nehmen, wie und in welchem Umfang der Aufwand an lebendiger Arbeit objektiv verringert wird. Das kennzeichnet auch den bisherigen Intensivierungsprozeß der Landwirtschaft und wird um so notwendiger, weil sich gegenwärtig zeigt, daß das gesellschaftliche Arbeitsvermögen und seine rationellste Nutzung ein Faktor ist, der bei der weiteren Intensivierung und der Sicherung eines stabilen Wachstums der landwirtschaftlichen Produktion ein wesentlich größeres Gewicht erhalten muß als bisher.

Im Einführungsvortrag wurde bereits darauf hingewiesen, daß die Anzahl der Beschäftigten in der Landwirtschaft seit vielen Jahren rückläufig ist. Dieser Rückgang der Arbeitskräfte hat jedoch Grenzen, nämlich dann, wenn der Ersatz der lebendigen durch vergegenständlichte Arbeit infolge des gegebenen Standes der Produktivkräfte nicht mehr möglich wird. Unter diesen Bedingungen kann ein weiterer Rückgang der Arbeitskräfte zu einem ungedeckten Bedarf an lebendiger Arbeit führen. Das hätte beträchtliche Auswirkungen auf das Wachstum der Erträge der Pflanzenproduktion sowie die Bestands- und Leistungsentwicklung der Tiere.

Ich will das am Beispiel der Jahre 1971 bis 1975 deutlich machen. In diesem Zeitraum wurden durch Mechanisierung etwa 54 000 Arbeitsplätze ersetzt bzw. eingespart. Das ist vor allem auf den Übergang zu einer neuen Maschinengeneration in der Pflanzenproduktion (schwere Traktoren K 700, MD 512, höhere LKW-Bestände, Futtererntetechnik-Einmannbedienung) zurückzuführen. Der Rückgang an Arbeitskräften betrug aber meines Erachtens nicht nur 54 000, sondern lag noch höher. Im Zusammenhang mit der weiteren Anwendung des wissenschaftlich-technischen Fortschritts, dem Ausbau der materiell-technischen Basis, der Durchsetzung der wissenschaftlichen Arbeitsorganisation u. a. sinkt der Bedarf an Arbeitskräften bis 1990 um ca. 100 000 bis 120 000 Berufstätige. Dem steht jedoch meines Erachtens ein höherer Rückgang des Arbeitskräftebestandes gegenüber. Das hängt u. a. damit zusammen, daß der altersbedingte Abgang durch den Zugang aus der Berufsausbildung noch nicht ausgeglichen werden kann. Das kann auch dazu führen, daß in der Pflanzenproduktion bestimmte notwendige Arbeiten nicht oder nicht innerhalb der agrotechnisch notwendigen Zeitspanne erledigt werden. Da in der Landwirtschaft der Arbeitskräftebesatz nicht vom Zeitpunkt des höchsten Arbeitsanfalls (August/September) abhängig gemacht werden kann, wird es notwendig, bestimmte Arbeitskräfteressourcen der Volkswirtschaft dafür einzusetzen. Auf diesen Weg, der auch in anderen Ländern typisch ist, muß man sich für einen langen Zeitraum einstellen.

Die generelle Lösung, um die Diskrepanz zwischen Bedarf und vorhandenem Arbeitsvermögen schrittweise zu beseitigen und die sozialpolitischen Maßnahmen auch in der Landwirtschaft voll zu verwirklichen, ist der weitere Ausbau der materiell-technischen Basis, insbesondere die verstärkte Mechanisierung und Chemisierung. Die grundlegende Aufgabe dabei besteht darin, die Arbeitsproduktivität – gemessen am Produktionsvolumen – je nach Zweig und Bereich zwischen 5,7 bis 6,7% jährlich zu steigern. Das ist mehr als im Zeitraum 1965 bis 1980, wo 5,3% erreicht wurden.

Die zentrale Frage dabei ist die Senkung des Arbeitszeitaufwandes je Einheit Produktion und je ha LN bzw. je Tier des Bestandes. Wir haben auf diesem Gebiet ohne Zweifel gute Erfolge zu verzeichnen. Die Grundfonds der Landwirtschaft wurden gegenüber 1955 bis 1975 auf das 2,8fache erhöht (Industrie 2,9fache). Durch den Rückgang der Beschäftigten stiegen sie je Arbeitskraft relativ rasch um jährlich 7,2%. Beträchtlich hat sich auch die Energieausstattung je Berufstätiger entwickelt, die bis 1975 gegenüber 1960 insgesamt auf das 4fache, darunter bei motorischer auf das 10fache und bei elektrischer auf das 3,6fache anstieg. Das sind etwa 90% der Energieausstattung der Industrie (wobei in der Landwirtschaft eine höhere Ausstattung mit motorischer Energie besteht).

Der zielstrebige Ausbau der materiell-technischen Basis hat dazu beigetragen, daß der durchschnittliche Arbeitskräftestunden-Aufwand im Vergleich zu 1961/1965 im laufenden Fünfjahrplan je ha bei Getreide um jährlich 3,6%, bei Kartoffeln um 3,1% und bei Zuckerrüben um 4,6% gesenkt werden konnte. Dennoch beträgt beim Zuckerrübenanbau der Anteil der Handarbeit zwischen 20 bis 50%, bei Kartoffeln, Obst und Gemüse weit über 50%. Der Anteil der Handarbeit ist differenziert. Er beträgt z. B. bei den folgenden Arbeitsabschnitten

Pflanzengutaufbereitung	83,3%
Bestellungsarbeiten gesamt	45,8%
Kartoffelbestellung	52,6%
Zuckerrübenbestellung	35,0%
Zuckerrübenpflege	94,0%
Ballenstrohernte	33,5%
Futtereinsilieren	60,0%

Die große Bedeutung der Mechanisierung geht auch daraus hervor, daß die Beseitigung von Schwachstellen und Lücken in der technologischen Kette besonders bei der Ernte, dem Transport und der Einlagerung von Stroh und bei Kartoffeln, Futter, Gemüse und Obst bei Senkung des Arbeitsaufwandes um etwa die Hälfte zu einer Verringerung des Spitzenbedarfs an Mechanisatoren um 40 bis 50 000 (20–25%) führen würde.

Auch in der Tierproduktion geht es um weitere Fortschritte in der Mechanisierung. Da fast 50% der Arbeitskräfte der Tierproduktion in der Milchviehhaltung eingesetzt sind, soll das an diesem Beispiel deutlich gemacht werden. Die Futterverteilung erfolgt bei 31,5% und die Entmistung bei 22,2% aller Kühe ausschließlich in manueller Arbeit. Die Milchgewinnung erfolgt bei etwa 1/3 aller Kühe mittels Kannenmelkanlage, was gegenüber der Rohrmelkanlage einen Mehrbedarf von 21,3 Akh/Tier und Jahr und insgesamt ca. 15 Mio Akh ausmacht.

Hier, wie in der gesamten Tierproduktion, ist es unbedingt erforderlich, den Schritt von der ausschließlich manuellen Arbeit zur mechanisierten Arbeit zu tun. In dieser Hinsicht gewinnt die Rationalisierung an Bedeutung, wie das auf der 8. Tagung des ZK der SED besonders hervorgehoben wurde.

Die Vervollkommnung der Technologien der Pflanzenproduktion und der Tierproduktion, die Schließung von Mechanisierungslücken und die zunehmende Mechanisierung von Arbeitsprozessen, die gegenwärtig noch stark durch manuelle Arbeit geprägt sind, erfordert die verstärkte Bereitstellung von Produktionsmitteln, die in hohem Maße durch die Industrie hergestellt werden, denn nur durch den weiteren Ausbau der materiell-technischen Basis wird das weitere Wachstum der Produktion und der Arbeitsproduktivität in der Landwirtschaft gewährleistet.

Dabei geht es um die ökonomisch rationellsten Lösungen für den Ersatz der lebendigen durch vergegenständlichte Arbeit. Hierfür volkswirtschaftlich effektive Varianten auszuarbeiten, ist eine Sache, die noch stärker zum Gegenstand der ökonomischen Forschung werden muß.

3. Schlußbemerkungen

D. Sachse

Schlußbemerkungen

Wie die Diskussion gezeigt hat, sind die Probleme der weiteren Intensivierung der landwirtschaftlichen Produktion und ihrer schrittweisen Überführung auf industriemäßige Grundlagen für alle Wirtschaftswissenschaftler von großem Interesse. Viele Ansatzpunkte für interdisziplinäre Forschungen wurden deutlich.

Meines Erachtens läßt sich der Kern der heutigen Diskussion in drei Gesichtspunkten zusammenfassen:

1. Der Dreh- und Angelpunkt zur Erfüllung der an die Landwirtschaft bei der weiteren konsequenten Realisierung der Hauptaufgabe gestellten Anforderungen besteht in der planmäßigen Erhöhung und effektiveren Gestaltung der materiellen Produktion. Mit der Kraft der ganzen Volkswirtschaft, fest eingeordnet in ihre planmäßige proportionale Entwicklung, ist hierzu die Intensivierung zielstrebig zu vertiefen und schrittweise der Typ der maschinellen Großproduktion herauszubilden.

Dabei handelt es sich, wie in der Diskussion mehrfach betont, um langfristige strategische Prozesse. Sie stellen an die Leistungskraft der Volkswirtschaft wie an die der Landwirtschaft selbst hohe Anforderungen und sind untrennbar mit der weiteren Vertiefung der volkswirtschaftlichen Verflechtungen der Agrarproduktion verbunden.

Das Bündnis der Arbeiterklasse mit der Klasse der Genossenschaftsbauern bereichert sich in diesem Prozeß um das enge kameradschaftliche Zusammenwirken mit der Intelligenz. Der sozialistische Charakter der Arbeit auf dem Lande prägt sich aus, die Arbeitsinhalte verändern sich, Schritt für Schritt entwickelt sich die landwirtschaftliche Arbeit zu einer Art industrieller Arbeit. Diese gesellschaftlichen Prozesse bestimmen entscheidend den sozialökonomischen Charakter der Herausbildung maschineller Großproduktion auf dem Lande.

2. Die Diskussion hat gezeigt, daß die weitere Intensivierung und der planmäßige Übergang zu industriemäßiger Produktion in der Landwirtschaft untrennbar mit dem Reifeprozeß der gesellschaftlich-ökonomischen Beziehungen verbunden sind. Mit der konsequenten Nutzung beider Formen des sozialistischen Eigentums geht es um die tatsächliche Vergesellschaftung der Produktion und der Arbeit. Hierbei bewährt sich die Kooperation als grundlegendes Gestaltungselement industriemäßiger Produktion, als Schlüssel für die konsequente Nutzung der Fortschritte in der Konzentration und Spezialisierung der Pflanzen- und Tierproduktion. Die Genossenschaftsbauern und Arbeiter nutzen dazu bewährte Formen der Kooperation und entwickeln sie weiter, um die wissenschaftlich-technische Revolution organisch mit den Vorzügen der sozialistischen Produktionsverhältnisse zu verbinden. Damit intensiviert sich das direkte Zusammenwirken von Arbeitern und Genossenschaftsbauern, die Kollektivität in den gesellschaftlichen Beziehungen festigt sich weiter. Die sozialistischen Produktionsverhältnisse er-

fahren ihre kontinuierliche Ausgestaltung, ihre Vorzüge und Triebkräfte werden für den Produktions- und Leistungszuwachs der Landwirtschaft noch umfassender genutzt.

3. Obwohl nicht Hauptgegenstand der heutigen Diskussion, hat diese doch auf vielfältige Weise deutlich gemacht, daß die materiell-technischen und ökonomischen Umwälzungen sich im Prozeß der Intensivierung und Industrialisierung der Agrarproduktion immer mehr mit der Herausbildung und Ausprägung der sozialistischen Lebensweise auch in den Dörfern verbinden. Die komplexe Leitung und Planung der ökonomischen und sozialen Entwicklungsprozesse nimmt an Bedeutung zu, denn mit dem schrittweisen Übergang zu industriemäßiger Produktion vollziehen sich weitreichende Veränderungen in den Lebensbedingungen der Werktätigen der Landwirtschaft. Es formieren sich neue Arbeitskollektive. Die Verantwortung jedes einzelnen für die rationelle Nutzung des sozialistischen Eigentums wächst. Die bisherigen traditionellen Arbeits- und Lebensgewohnheiten ändern sich, Schichtarbeit und Spezialisierung von Arbeitsprozessen werden mehr und mehr bestimmend. Im Mittelpunkt der Leitung und Planung der sozialen Prozesse stehen dabei vor allem: die weitere Bildung und Qualifizierung der Genossenschaftsbauern und Arbeiter, der Wohnungsbau auf dem Lande, die weitere Verbesserung der medizinischen Betreuung und der kommunalen Dienstleistungen.

Mit der planmäßigen Realisierung dieser Aufgaben werden weitere Schritte der Annäherung von Stadt und Land vollzogen, die im Programm der Partei formulierten Ziele der Agrarpolitik erfahren ihre praktische Verwirklichung in Übereinstimmung mit den erreichten Bedingungen.

Ich möchte zum Abschluß der Diskussion aus der Sicht des Wissenschaftlichen Rates für gesellschaftliche und ökonomische Fragen des volkswirtschaftlichen Agrar-Industrie-Komplexes dem Wissenschaftlichen Rat für die wirtschaftswissenschaftliche Forschung für die Möglichkeit danken, daß hier Fragen der weiteren Intensivierung der landwirtschaftlichen Produktion zur Diskussion gestellt werden konnten. Wir haben viele Anregungen für die Arbeit unseres Rates erhalten, und alle Beiträge zeigten, daß es dabei um Fragen geht, die uns als Wirtschaftswissenschaftler insgesamt mehr beschäftigen werden. Vielfältige Probleme sind aus verschiedener Sicht zu klären, um die volkswirtschaftlich günstigsten Lösungen zu finden. Dabei sind wir uns über den begrenzten Charakter der heutigen Beratung sicher einig. So konnten z. B. solche wichtigen Fragen, wie die der Verarbeitung landwirtschaftlicher Produkte oder des Transports und der Lagerung, nur geringe Berücksichtigung finden. Auf einige solche, weiter zu diskutierende Fragen wurde im Referat und in der Diskussion hingewiesen.

Wenn die heutige Tagung dazu beigetragen hat, aus vielfältiger Sicht die Aufgaben der wirtschaftswissenschaftlichen Forschung zur weiteren Intensivierung der Agrarproduktion zu präzisieren und Ansatzpunkte für die künftigen gesellschaftswissenschaftlichen Forschungsarbeiten deutlich zu machen, sind ihre Zielstellungen und ihr Anliegen erfüllt.